2021
우수이러닝
고용노동부
장관상

2021 STEP 우수 이러닝 콘텐츠 '대상'
2020 STEP 우수 이러닝 콘텐츠 '최우수상'
2019 훈련이수자평가 3D프린터 'A등급'
2018 훈련이수자평가 3D프린터 'B등급'
2017 훈련이수자평가 기계설계 'A등급'

국가직무능력표준
National Competency Standards

솔리드웍스
50시간 완성
《조립 · 도면편》

신동진 지음

훈련·행정·
실무 전문가
집필

NCS 기반
3D형상모델링
검토

유튜브
무료동영상
강의

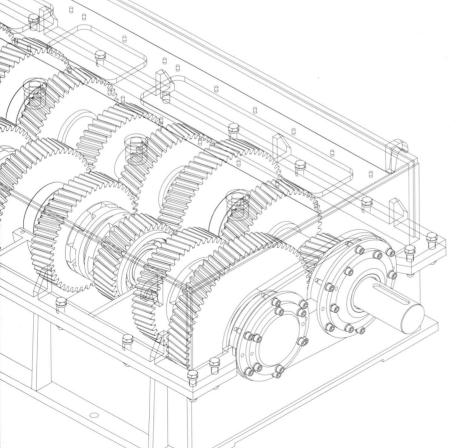

피앤피북

NCS 기반 3D형상모델링검토, 2010~2022버전

솔리드웍스 50시간 완성 〈조립 · 도면편〉

초판발행 2022년 6월 30일

지은이 신동진
발행인 최영민
발행처 피앤피북
주소 경기도 파주시 신촌로 16
전화 031-8071-0088
팩스 031-942-8688
전자우편 pnpbook@naver.com
출판등록 2015년 3월 27일
등록번호 제406-2015-31호

ISBN 979-11-91188-99-8 (93550)

솔리드웍스 이제 나도 할 수 있다!

이 책을 찾아주시는 독자님들께 진심으로 감사드립니다.

수년간의 직업능력개발훈련 및 교육 노하우를 바탕으로 솔리드웍스를 처음 접하는 독자의 입장에서 작성된 교재입니다.

효과적인 학습방법으로 높은 학업성취를 달성할 수 있도록 내용을 구성하였습니다.

또한 학습진도에 적절한 연습도면을 완성해봄으로써 단기간에 실력을 향상시킬 수 있습니다.

본 교재를 통해 솔리드웍스 전문가로 성장할 수 있기를 기원합니다. 감사합니다.

 신동진

현) 기계설계&3D프린팅 직업훈련교사
dongjinc@koreatech.ac.kr

수상

2021 STEP 우수이러닝 콘텐츠 '대상'
2020 STEP 우수이러닝 콘텐츠 '최우수상'
2019 훈련이수자평가 3D프린터 'A등급'
2018 훈련이수자평가 3D프린터 'B등급'
2017 훈련이수자평가 기계 설계 'A등급'

자격

국가/민간자격 '기계가공기능장 외 11개'
중등교사자격 '중등학교 정교사 2급(기계금속)'
직훈교사자격 '기계설계 2급 외 15개'

연수

3D Printer Fabrication Professional 외 15회

저서

오토캐드 40시간 완성
인벤터 50시간 완성 〈모델링편〉
인벤터 50시간 완성 〈조립 · 도면편〉
3D프린터운용기능사 실기 30시간 완성 〈인벤터편〉
지더블유캐드 40시간 완성
솔리드웍스 50시간 완성 〈모델링편〉
솔리드웍스 50시간 완성 〈조립 · 도면편〉

⚙ PART 1 3D형상모델링 조립

⚙ PART 2 3D형상모델링 분해

⚙ PART 3 3D형상모델링 도면

3D형상모델링
조립

SECTION 1.1 | 조립품 생성

학습목표
- 3D형상모델링의 관련 정보를 도출하고 수정할 수 있다.
- 각각의 단품으로 조립형상 제작 시 적절한 조립 구속조건을 사용하여 조립품을 생성할 수 있다.
- 작업환경에 적합한 템플릿을 제작하여 형식을 균일화시킬 수 있다.

1 모델링 파일 관리

https://cafe.naver.com/dongjinc/2101

3D형상모델링은 프로젝트 단위로 작업이 진행되며 이에 관련되 파일을 관리하는 것은 매우 중요합니다. 3D형상모델링의 파트(SLDPRT), 어셈블리(SLDASM), 도면(SLDDRW)은 서로 연결 되어 있기 때문에 파일의 위치 또는 이름이 변경되거나 삭제될 경우 오류가 발생할 수 있습니다. 따라서 1개의 프로젝트에서 저장되는 모든 파일은 1개의 폴더 안에 저장하고 관리하는 것이 좋습니다.

파트(부품) SLDPRT

어셈블리(조립품) SLDASM

도면 SLDDRW

1개의 부품을 모델링한 것을 파트 또는 부품이라고 하며 파일 확장자는 SLDPRT입니다. 2개 이상의 부품을 조립한 것을 어셈블리 또는 조립품이라고 하며 파일 확장자는 SLDASM입니다. 모든 확장자는 꼭 외우시기 바랍니다.

파트(부품) SLDPRT

1. 경첩.SDLPRT
2. 부싱.SDLPRT
3. 베이스.SDLPRT
4. 경첩 핀.SDLPRT
5. 너트.SDLPRT

어셈블리(조립품) SLDASM

경첩 조립품.SLDASM

2개 이상의 부품을 분해한 것을 분해도라고 하며 어셈블리(조립품) 파일 내에서 생성됩니다.

1개의 부품을 제작하기 위한 도면을 부품도, 2개 이상의 부품을 조립한 관계를 나타낸 도면을 조립도, 분해한 관계를 나타낸 도면을 분해도라고 하며 파일 확장자는 SLDDRW입니다.

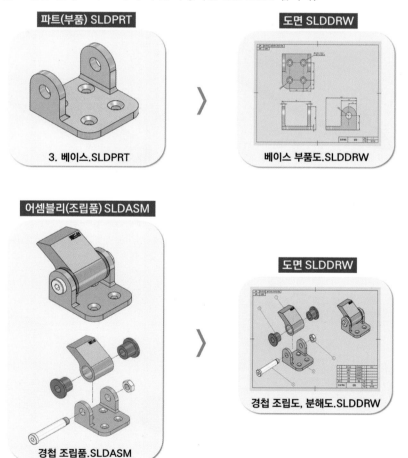

2 **조립 계획** 중요Point

우리는 일상생활에서 부품을 조립할 때 무의식 중에 조립합니다. 하지만 솔리드웍스로 부품을 조립하기 위해서는 아래와 같이 사전에 조립 계획을 세우고 그 계획에 따라 부품을 정확하게 조립해야 합니다 .

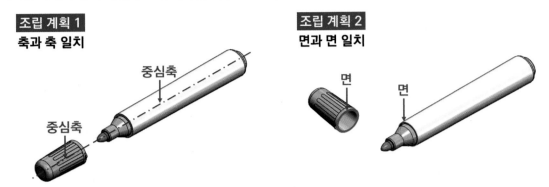

조립 계획 1
축과 축 일치

조립 계획 2
면과 면 일치

조립 계획에 따라 각 부품들을 조립한다면 오류 없이 완벽한 조립품을 만들 수 있습니다.

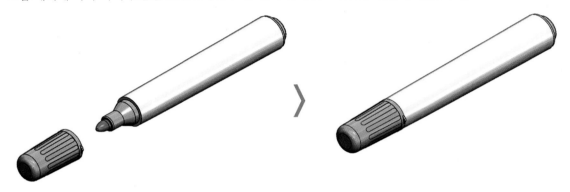

하지만 조립 계획에 따르지 않고 각 부품을 잘못 조립한다면 조립품에 오류가 발생합니다.

3 조립 계획 구상 중요 Point

「연습도면 1. 경첩」을 보고 각 부품의 조립 관계를 파악해서 조립 계획을 구상해봅시다.

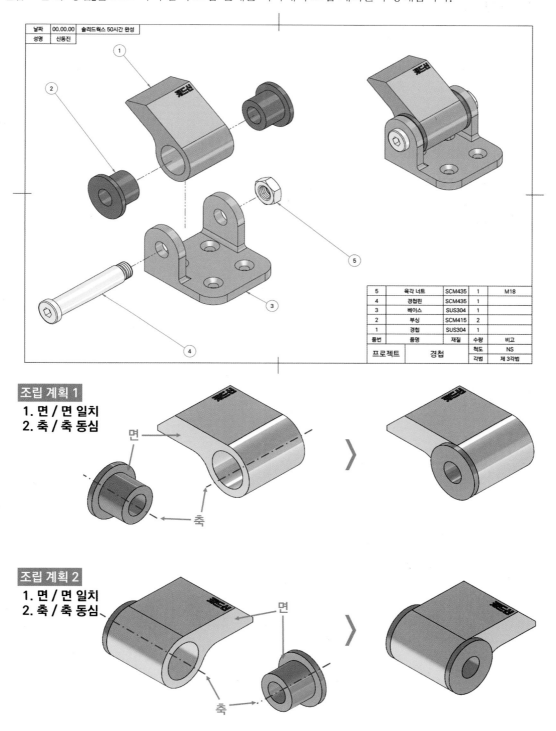

날짜	00.00.00	솔리드웍스 50시간 완성
성명	신동진	

5	육각 너트	SCM435	1	M18
4	경첩핀	SCM435	1	
3	베이스	SUS304	1	
2	부싱	SCM415	2	
1	경첩	SUS304	1	
품번	품명	재질	수량	비고

프로젝트	경첩	척도	NS
		각법	제 3각법

조립 계획 1
1. 면 / 면 일치
2. 축 / 축 동심

면 ⟶

축 ⟵

〉

조립 계획 2
1. 면 / 면 일치
2. 축 / 축 동심

면

축 ⟵

〉

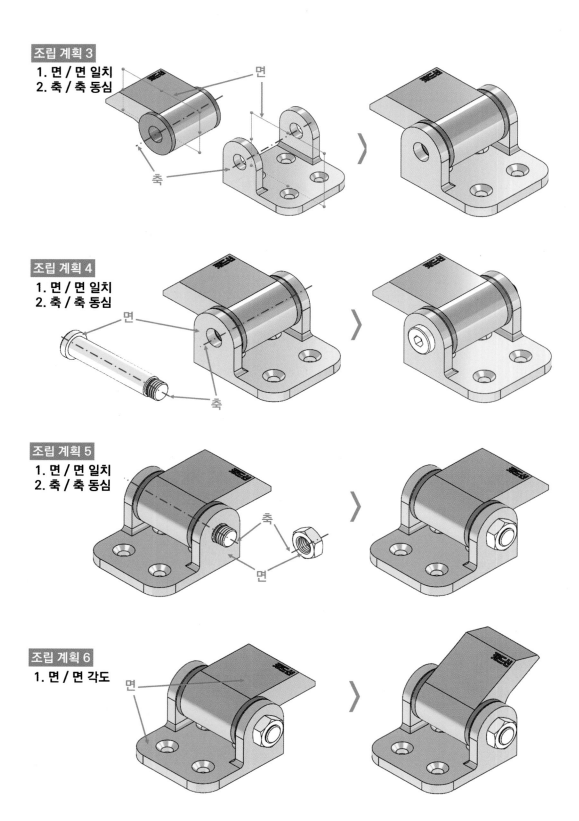

조립 계획 3
1. 면 / 면 일치
2. 축 / 축 동심

면

축

조립 계획 4
1. 면 / 면 일치
2. 축 / 축 동심

면

축

조립 계획 5
1. 면 / 면 일치
2. 축 / 축 동심

축

면

조립 계획 6
1. 면 / 면 각도

면

4 **작업환경설정, 조립품 템플릿 저장** 실습 Point

효율적으로 조립품을 생성하기 위해 작업환경설정을 하고 조립품 템플릿을 저장해봅시다.

1 「새 문서」를 클릭하고 「 어셈블리」를 더블 클릭합니다.

2 「취소」를 클릭합니다.

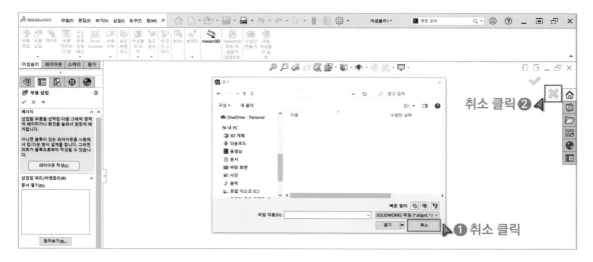

3 디자인트리의 「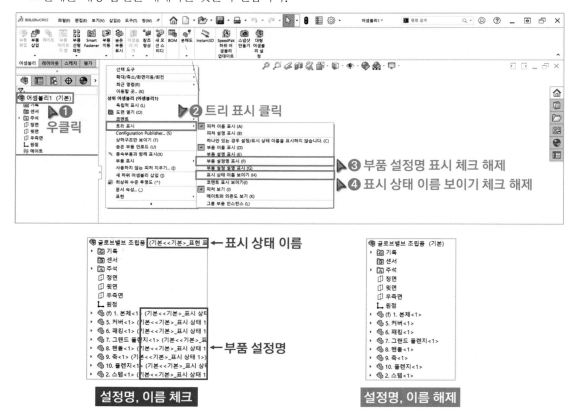 어셈블리」에서 우클릭합니다. 트리 표시의 「부품 설정명 표시, 표시 상태 이름 보이기」옵션을 체크 해제합니다. 이 옵션이 체크되어 있을 경우 디자인트리가 매우 복잡해지기 때문에 학습 초반에는 해당 옵션을 해제하는 것을 추천합니다.

4 「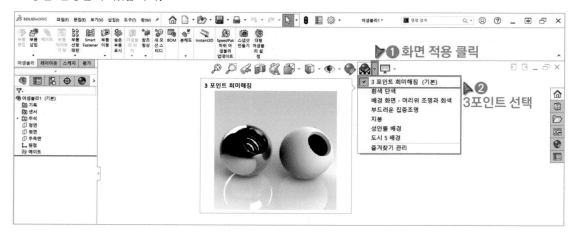 화면적용」을 클릭하고 「3포인트 희미해짐」을 선택합니다. 화면적용을 통해서 시각적 배경과 조명 등을 변경할 수 있습니다.

5 「⌨・ 뷰 설정」을 클릭하고 「RealView Graphics」를 선택합니다. 그 외의 항목은 모두 해제합니다. RealView Graphics는 모델링형상의 그림자나 고급음영기술을 적용하는 기능입니다. 그래픽카드 종류에 따라 해당 기능을 사용하지 못할 수 있습니다.

6 DisplayManager에서 「🖼 배경」을 더블 클릭합니다. 배경은 「색」 또는 「이미지」를 선택합니다. 이미지를 선택할 경우 원하는 이미지를 작업화면의 배경으로 사용할 수 있습니다. 「바닥 반사」 옵션을 체크 해제합니다.

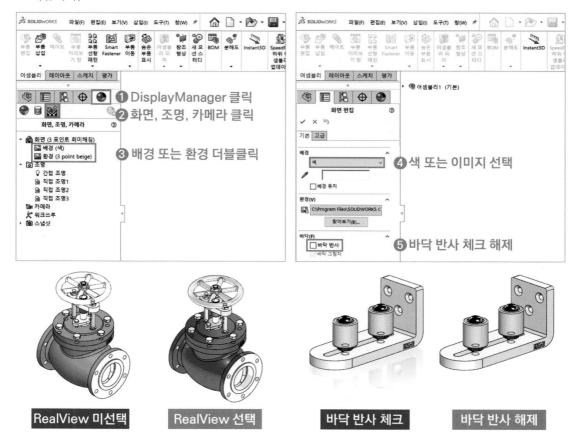

7 DisplayManager에서「 💡 간접 조명」을 더블 클릭하고「간접도」값을 입력합니다. 간접도 값을 변경하면 밝기를 조절할 수 있습니다. 밝기가 어두울 경우 형상이 잘 보이지 않아 작업하기 어려울 수 있습니다.(하위버전 : 보기 → 조명과 카메라 → 속성 → 간접 조명)

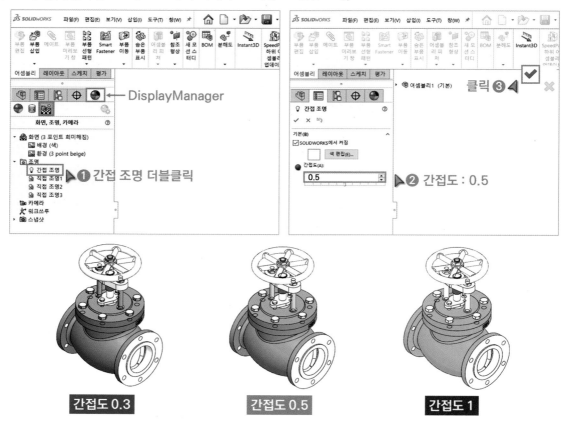

간접도 0.3 · 간접도 0.5 · 간접도 1

8 빈 영역에서 우클릭하고「탭」에서 자주 사용하는 도구모음을 선택합니다.
(하위 버전 : 평가 탭 = 계산 탭)

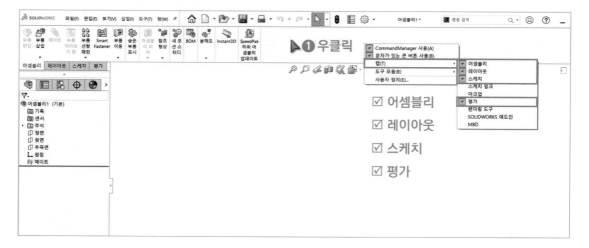

9 「⚙ 옵션」을 클릭합니다. 문서 속성 탭의 도면화를 클릭하고 「음영 나사산」을 체크합니다. 옵션에는 시스템 옵션과 문서 속성이 있습니다. 시스템 옵션은 전체 템플릿(부품, 조립품, 도면)에 적용되는 옵션이며 설정 값이 자동으로 저장됩니다. 문서 속성은 각 템플릿 마다 따로 적용되며 설정 값이 저장되지 않기 때문에 설정 값을 변경한 이후에는 다시 템플릿으로 저장해야합니다.

(시스템 옵션 설정 참고 : https://cafe.naver.com/dongjinc/2001)

10 단위는 「MMGS」를 체크합니다.

11 지금까지 설정한 것을 템플릿으로 저장하기 위해서 「🖫 다른 이름으로 저장」을 클릭합니다. 파일 형식은 「Assembly Templates(*.asmdot)」을 선택하고 파일 이름에 「조립품」을 입력합니다. 「C:₩ProgramData₩SOLIDWORKS₩SOLIDWORKS 20XX₩templates」 저장 위치를 확인하고 템플릿을 저장합니다.

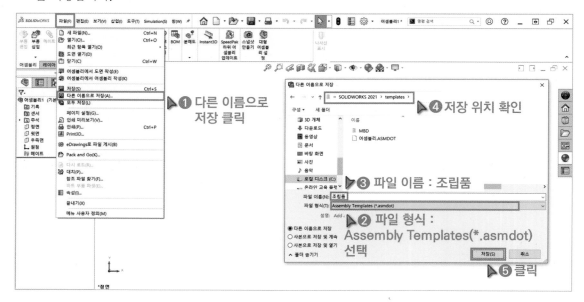

12 「🗋 새 문서」를 클릭하고 「🗿 조립품」 템플릿이 생성된 것을 확인합니다. 이 템플릿을 사용하면 지금까지 설정한 것을 그대로 사용할 수 있어서 효율적으로 작업을 할 수 있습니다.

5 **조립품 생성** 중요Point◀ 실습Point◀ ▶ https://cafe.naver.com/dongjinc/2102

「연습도면 1. 경첩」 폴더의 부품(SLDPRT)을 사용해서 조립품(SLDASM)을 생성해봅시다.

1 https://cafe.naver.com/dongjinc/900 사이트에 첨부된 파일을 다운받고 압축을 풉니다.

2 「 ▯ |새 문서」를 클릭하고 「 ▣ 조립품」을 더블 클릭합니다.

3 조립품 템플릿을 시작하면 「🖱 부품 삽입」 기능이 자동으로 실행됩니다. 도구 시작, 자동탐색 옵션을 체크 해제해서 해당 기능이 자동으로 실행되지 않도록 합니다.

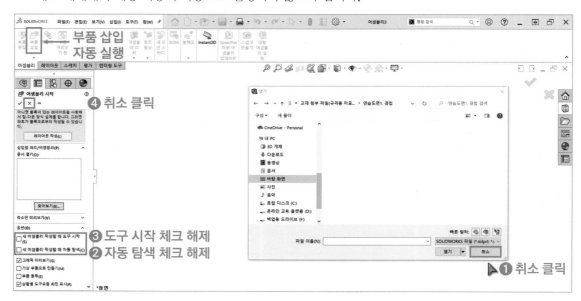

4 「🗄 설계 라이브러리」를 클릭하고 「🗄 파일 위치 추가」를 클릭합니다. 「교재 첨부 파일(규격품 미포함)」 폴더를 선택해서 설계 라이브러리에 폴더의 위치를 추가합니다. 툴박스(Toolbox) 라이브러리를 사용할 수 없다면 「교재 첨부 파일(규격품 포함)」 폴더를 추가하면 됩니다.(SOLIDWORKS Standard 버전은 툴박스(Toolbox) 사용 불가)

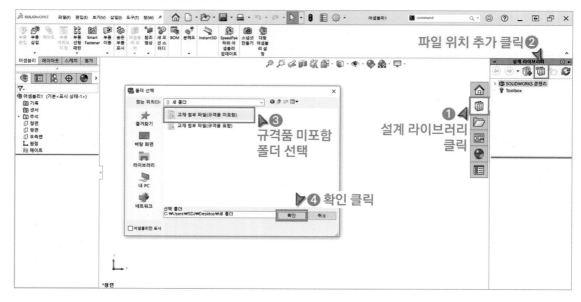

5 설계 라이브러리에 자주 사용하는 폴더의 위치를 저장시키면 조립 작업을 효율적으로 진행할 수 있습니다. 폴더를 클릭하면 폴더 안의 부품(SLDPRT), 조립품(SLDASM) 등을 미리보기로 볼 수 있습니다.

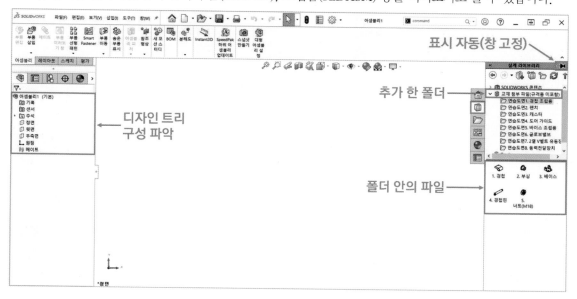

6 디자인트리의 「⌞ 원점」을 클릭합니다. 설계 라이브러리의 「연습도면1. 경첩」 폴더에서 「 3. 베이스」 부품을 원점으로 드래그 앤 드롭합니다.

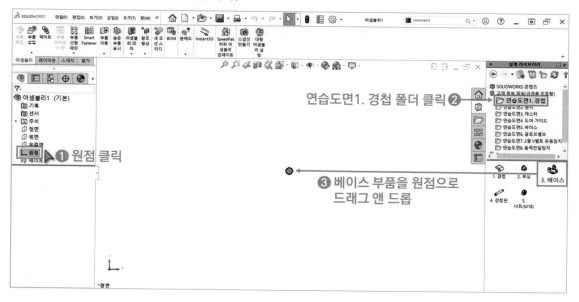

7 부품이 원점에 일치한 것을 확인합니다. 작업화면을 클릭하면 복사본을 추가할 수 있습니다. 작업화면에 하나의 부품만 배치하고 취소를 클릭합니다.

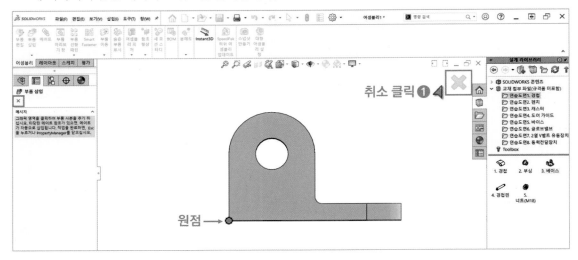

8 처음에 삽입하는 부품은 조립품의 원점과 일치해야 합니다. 그래야지만 정확한 위치로 조립이 가능하고 기준면(정면, 윗면, 우측면)을 사용하기가 수월해집니다. 만약 원점을 클릭하지 않고 부품을 삽입할 경우 조립품의 원점과 부품의 원점이 불일치되어 다른 부품을 조립하기 어려워질 수 있습니다.

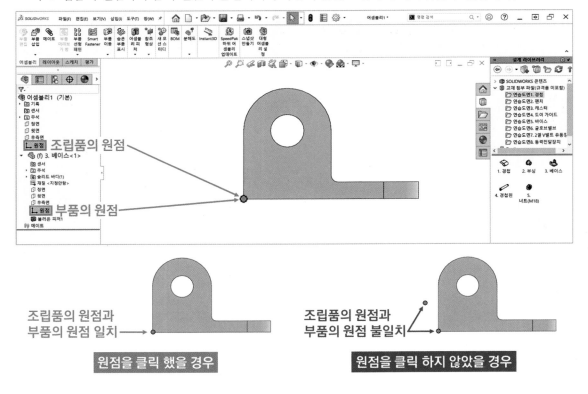

9 「 🛋 1. 경첩」 부품을 작업화면으로 드래그 앤 드롭합니다. 디자인트리의 구성을 파악합니다. 처음에 삽
입한 부품은 「 🛋 (f) 고정」되어 이동, 회전 등이 불가능합니다. 따라서 처음에 삽입하는 부품은 움직임이
없는 고정시킬 부품을 삽입해야 합니다.

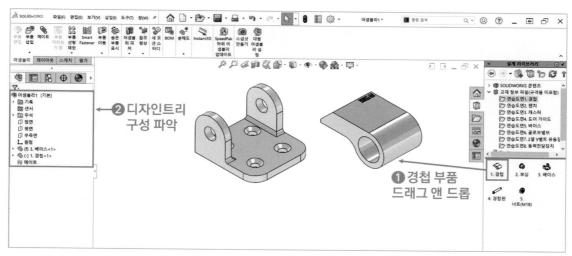

10 디자인트리의 구성을 보면 「 🧊 조립품(SLDASM)」에 「 🛋 부품(SLDPRT)」이 종속됩니다. 부품과 부품
을 조립하면 「 🔗 메이트」에 조립 구속조건이 나열됩니다. 조립품과 부품에는 각각 「 🗂 기준면과 📐
원점」이 존재합니다. 접두사는 부품의 조립상태를 나타냅니다. 접두사에 아무것도 표시되지 않는다면
부품이 완전하게 조립이 된 것을 의미합니다. 접미사는 부품을 추가한 횟수를 나타냅니다. 접미사의 숫
자가 부품의 수량을 의미하진 않습니다.

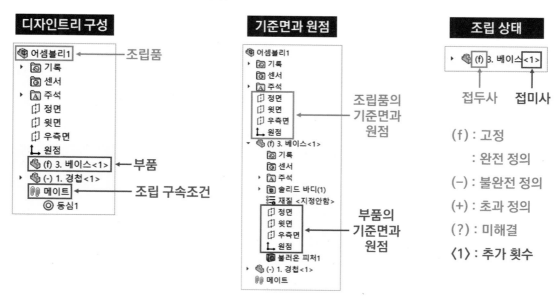

⓫ 작업화면에 있는 부품을 드래그하면 부품을 이동할 수 있고 우클릭 드래그하면 부품을 회전할 수 있습니다. 아래의 내용을 보고 마우스 사용방법을 숙지하세요.

❶ 부품 좌클릭 드래그 : 부품 이동

❸ 부품 우클릭 드래그 : 부품 회전

❷ 휠 회전 : 작업화면 확대 및 축소

❷ 휠 더블 클릭 : 작업화면 틀에 맞게 확대

❷ 휠 드래그 : 작업화면 회전

❷ [Ctrl] + 휠 드래그 : 작업화면 이동

❷ 우클릭 : 보조기능 및 옵션 선택

❸ 우클릭 드래그 : 마우스 단축키 사용

⓬ 「 🔧 부품 이동」 기능을 사용하면 이동, 회전뿐만 아니라 충돌 및 동적 검사를 할 수 있습니다.

⓭ 나머지 부품을 작업화면에 드래그 앤 드롭합니다.

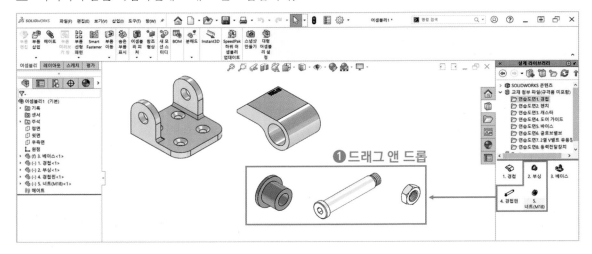

14 [참고] 2개 이상의 여러 부품을 한 번에 불러오고 싶다면 폴더를 활용하면 됩니다. 먼저 원점 클릭 후 폴더에서 고정시킬 부품을 원점으로 드래그 앤 드롭합니다.

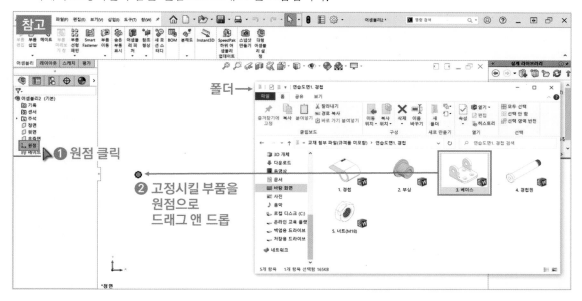

15 [참고] 폴더에서 여러 부품을 선택하고 작업화면으로 드래그 앤 드롭합니다.

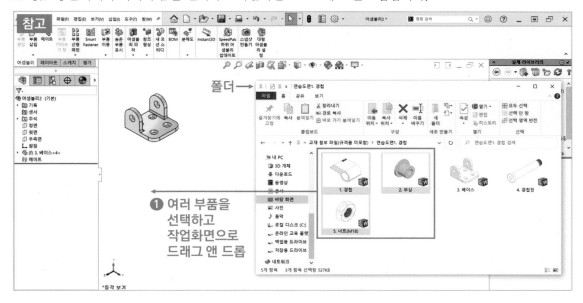

16 작업화면의 「🔩 부싱」을 클릭하고 Ctrl + C, Ctrl + V를 입력해서 부싱의 사본을 생성합니다. 사본은 마우스 커서 위치에 삽입됩니다. 디자인트리에 부싱의 사본이 생성된 것을 확인합니다. 만약 사본이 생성되지 않는다면 Ctrl 키를 누른 상태에서 디자인트리의 부품을 작업화면으로 드래그하면 사본을 생성할 수 있습니다.

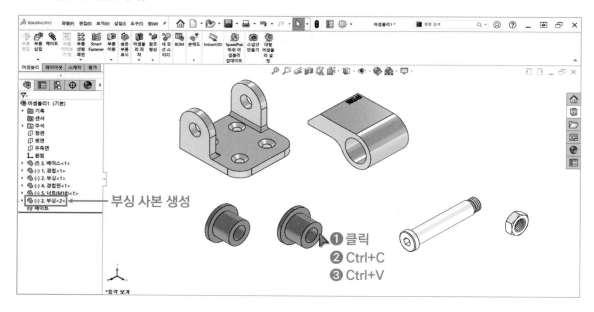

17 연습도면을 보고 작업화면의 부품을 조립하기 쉬운 위치로 배치합니다. 어셈블리 도구모음의 「📎 메이트」를 클릭합니다. 메이트는 조립 구속조건을 적용해서 부품을 조립하는 기능입니다.

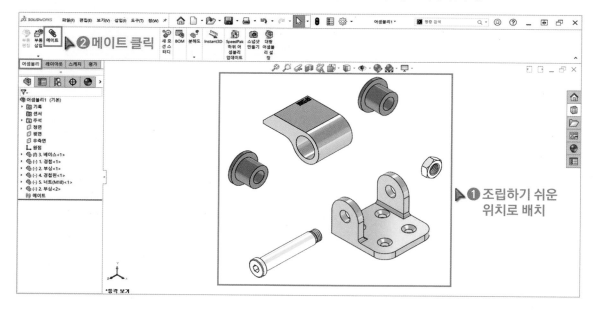

18 지금부터 조립계획에 따라 각 부품을 조립합니다. 「🔩 부싱」의 면과 「🔧 경첩」의 면을 클릭합니다. 두 요소가 선택되면 적합한 조립 구속조건이 자동으로 선택됩니다. 메이트 유형의 「🗡 일치」 조립 구속조건을 클릭해서 면과 면을 일치시킵니다. 「🔀 ↗ 맞춤」을 클릭해서 조립 방향을 선택합니다. 팝업 도구모음을 사용하면 보다 빠르게 조립 작업을 진행할 수 있습니다. 「✔ 확인」을 두 번 클릭해서 작업을 종료합니다.

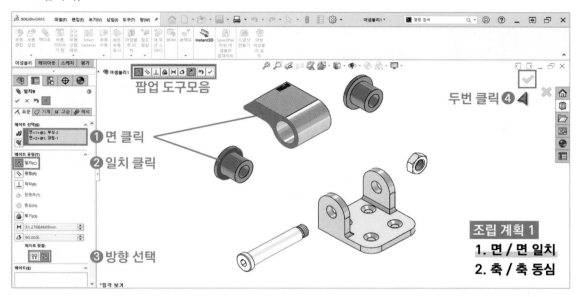

19 조립 구속조건은 부품을 기하학적인 위치로 구속하는 기능입니다. 스케치 구속조건의 개념과 매우 유사합니다.

	명칭	설명
✔	확인	작업을 완료함
↺	실행 취소	작업 실행을 취소함
✚	보이기 유지	메이트를 연속으로 실행
🖱	메이트 요소	점, 선, 면 등의 요소를 선택
🗡	일치	점, 선, 면을 일치시킴
╲	평행	선, 면을 평행시킴
⊥	직각	선, 면을 90°의 각도로 배치
♂	탄젠트	선, 면, 원통면, 구면을 접하게 배치
◎	동심	원, 원통면, 구면의 중심축을 일치시킴
🔒	묶기	두 부품 간의 위치와 방향 유지
⊢⊣	거리	선택한 요소와 거리를 띄움
∠	각도	선택한 요소와 각도를 이룸
🔀	맞춤	선택한 요소의 방향을 바꿈
↗	맞춤	선택한 요소의 방향을 바꿈
📖	너비(고급 탭)	두 평면을 가운데로 위치시킴

20 부품과 메이트에「⚒ 일치」 조립 구속조건이 생성된 것을 확인합니다. 조립 구속조건 이름에는 어떤 부품과 구속되어 있는지 표시됩니다.「🧊 피처 편집」을 클릭하면 적용된 조립 구속조건을 편집할 수 있습니다.

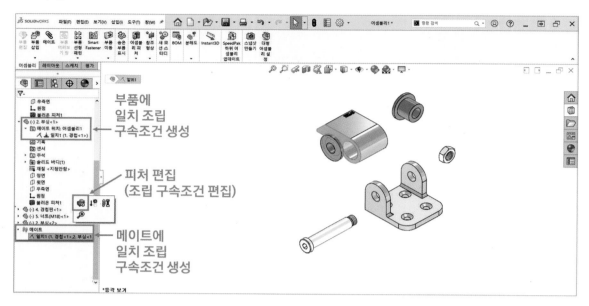

21 「📎 메이트」를 클릭합니다. 메이트 상태에서 부품을 드래그하면 부품을 이동시킬 수 있습니다.

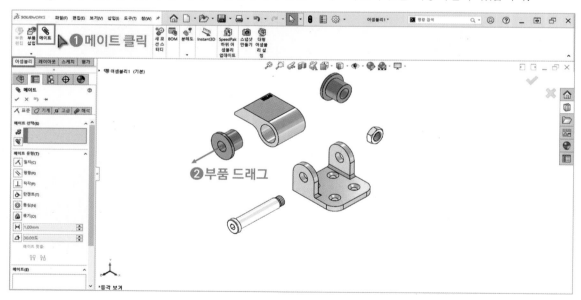

22 「 부싱」의 원통면과 「 경첩」의 원통면을 클릭합니다. 원통면을 클릭하면 원통의 중심축이 인식됩니다. 「 동심」 조립 구속조건을 클릭합니다. 「 맞춤」을 클릭해서 조립 방향을 선택하고 「확인」을 두 번 클릭해서 작업을 종료합니다.

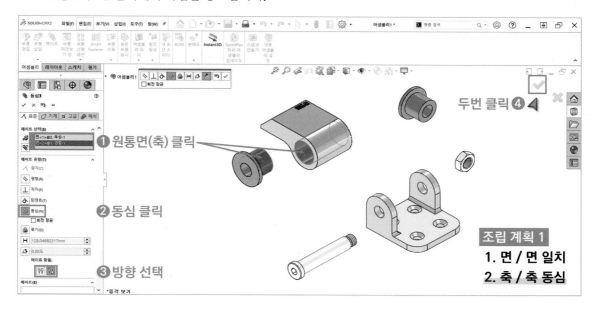

23 디자인트리의 「 메이트」를 보고 사전에 구상했던 계획대로 조립 구속조건을 적용했는지 확인합니다. 계획보다 조립 구속조건이 더 많거나 적을 경우 오류가 발생할 확률이 큽니다. 따라서 사전에 조립 계획을 세우고 그 계획에 따라 각 부품을 조립하는 것이 좋습니다.

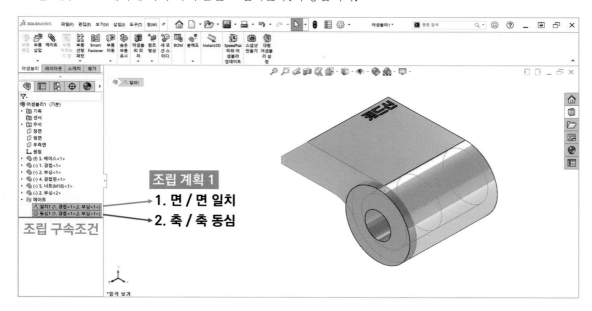

24 「 메이트」를 클릭합니다. 동일한 방법으로 「🔩 부싱」과 「🔲 경첩」의 면을 클릭해서 면과 면을 일치시킵니다. 「✈ 보이기 유지」기능이 활성되어 있으면 메이트 기능을 연속으로 사용할 수 있습니다.

25 「🔩 부싱」과 「🔲 경첩」의 원통면을 클릭해서 축과 축을 동심으로 구속합니다.

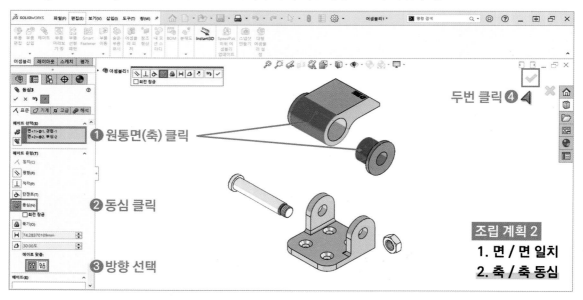

26 디자인트리의「🔲 메이트」를 보고 사전에 구상했던 계획대로 조립 구속조건을 적용했는지 확인합니다.

27 평가 도구모음의「🧰 측정」을 클릭합니다.「🔩 부싱」외부의 면을 클릭해서 거리를 측정합니다. 동일한 방법으로「🔩 베이스」내부의 면을 클릭해서 거리를 측정합니다. 측정 결과 2mm의 거리 차이가 나는 것을 파악할 수 있습니다.

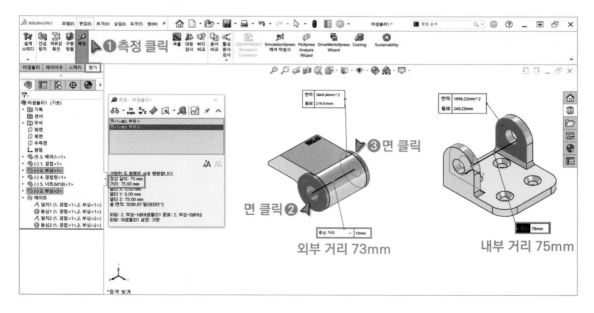

28 「🔗 메이트」를 클릭하고 디자인트리를 확장합니다. 「🔩 베이스」의 정면과 「📦 경첩」의 정면을 클릭해서 면과 면을 일치시킵니다.

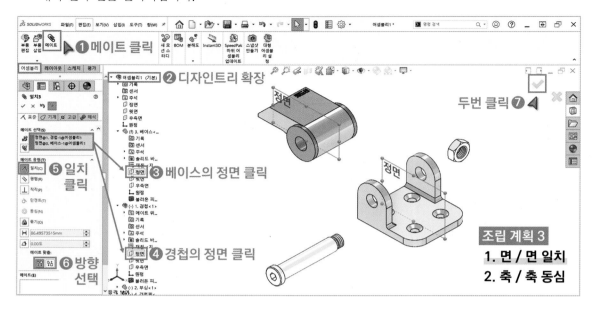

29 각 부품의 정면은 서로 일치하고 있습니다. 즉, 두 부품은 서로 가운데에 위치하며 양옆에 1mm의 틈새가 발생하는 것을 확인할 수 있습니다.

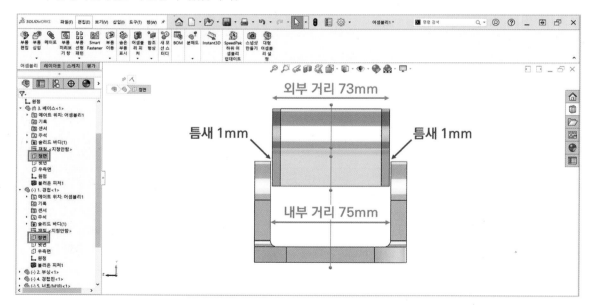

30 [참고] 「⟷ 거리」 조립 구속조건을 클릭해서 두 부품 사이의 틈새 값을 입력하면 두 부품을 가운데로 위치시킬 수 있습니다.

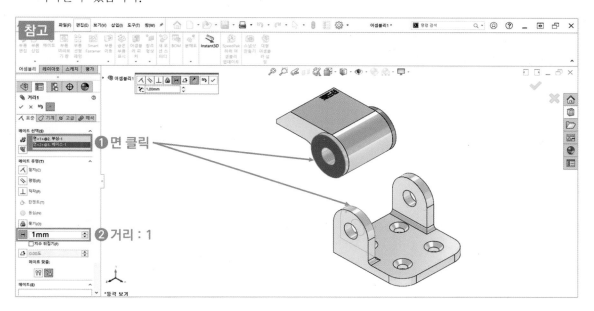

31 [참고] 「☑ 고급」의 「▥ 너비」 조립 구속조건을 사용하면 두 부품을 가운데로 위치시킬 수 있습니다.

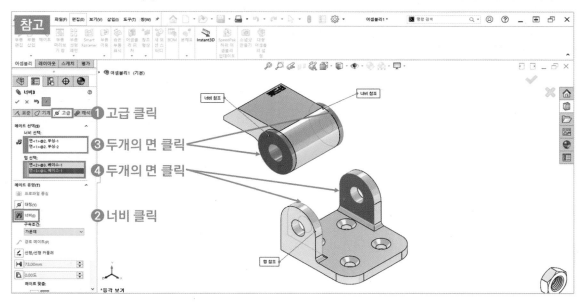

32 「 경첩」과 「 베이스」의 원통면을 클릭해서 축과 축을 동심으로 구속합니다.

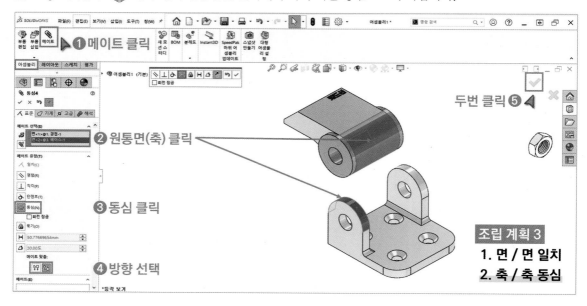

33 디자인트리의 「 메이트」를 보고 사전에 구상했던 계획대로 조립 구속조건을 적용했는지 확인합니다.

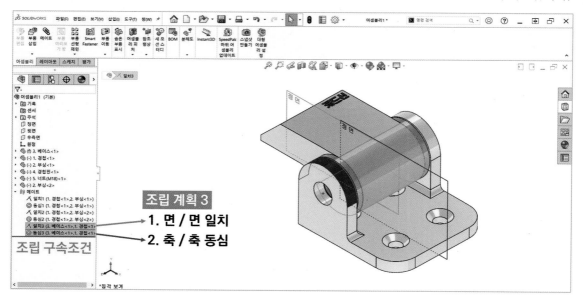

34 「🔩 경첩핀」과 「🔧 베이스」의 면을 클릭해서 면과 면을 일치시킵니다.

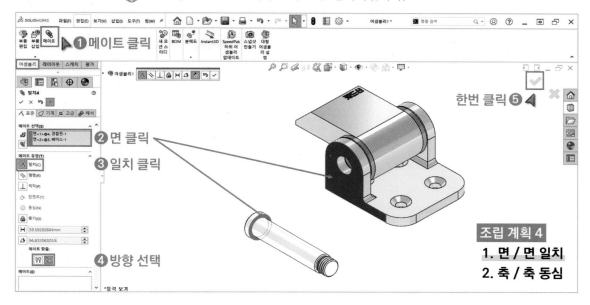

35 「🔩 경첩핀」과 「🔧 베이스」의 원통면을 클릭해서 축과 축을 동심으로 구속합니다. 여기서 클릭했던 베이스의 🔧 원통면을 잘 기억해두시기 바랍니다. 추후에 이 원통면으로 인해서 오류가 발생합니다.

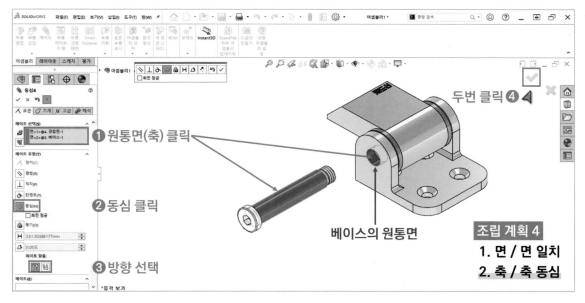

36 디자인트리의 「◰◰ 메이트」를 보고 사전에 구상했던 계획대로 조립 구속조건을 적용했는지 확인합니다.

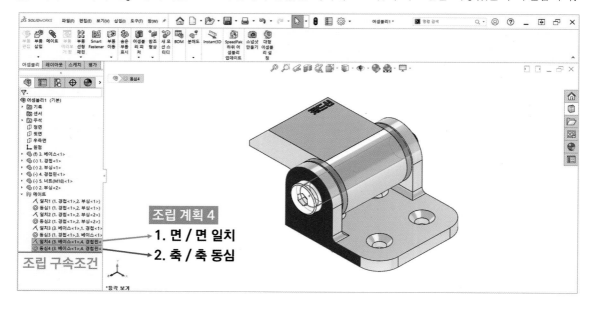

37 「◯ 너트」와 「◳ 베이스」의 면을 클릭해서 면과 면을 일치시킵니다.

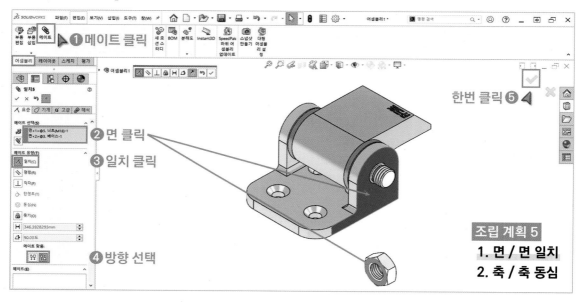

38 「🔩 너트」와 「🖊 경첩핀」의 원통면을 클릭해서 축과 축을 동심으로 구속합니다.

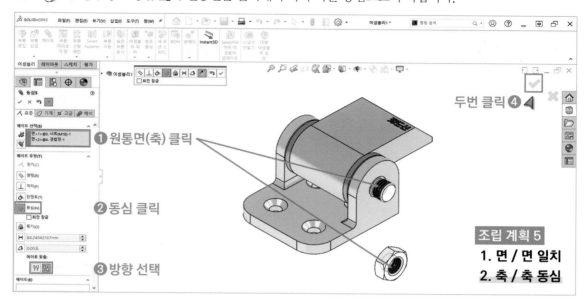

39 디자인트리의 「🔗 메이트」를 보고 사전에 구상했던 계획대로 조립 구속조건을 적용했는지 확인합니다.

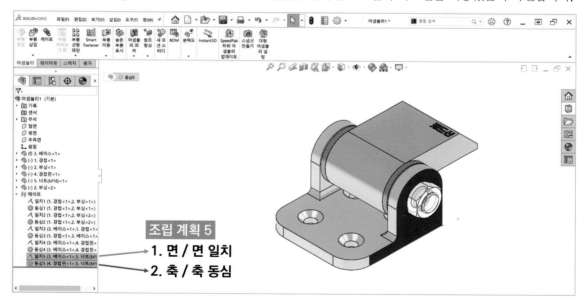

40 「 경첩」과 「 베이스」의 면을 클릭해서 면과 면을 30도의 각도로 구속합니다.

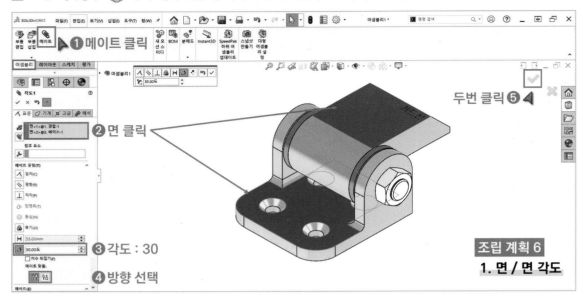

41 디자인트리의 「 메이트」를 보고 사전에 구상했던 계획대로 조립 구속조건을 적용했는지 확인합니다.

42 아래 그림의 「🔗 메이트」를 확인합니다. 🔽아이콘은 파일에 오류가 있는 것을 의미합니다. ⚫아이콘은 스케치, 피처, 조립 구속조건 등에 오류가 있는 것을 의미합니다. ⚠️아이콘은 스케치, 피처, 조립 구속조건 등에 경고가 있는 것을 의미합니다. 조립 구속조건을 초과로 적용할 경우 ⚠️경고가 발생하는데 이로 인해 다른 조립 구속조건에 ⚫오류가 발생하게 됩니다. 조립품을 완성했을 때 메이트에 오류가 있다면 이 조립품으로 작성한 도면에도 오류가 발생할 수 있습니다. 다음 단원에서 오류에 대한 원인을 분석하고 해결하는 방법에 대해 배워보겠습니다.

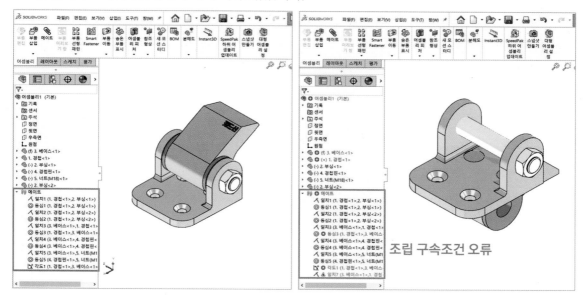

43 「💾 저장」을 클릭합니다. 저장 위치는 「연습도면1. 경첩」 폴더로 지정합니다. 파일 이름을 입력하고 파일 형식은 「SOLIDWORKS 어셈블리(*.asm,*.sldasm)」를 선택해서 저장합니다.

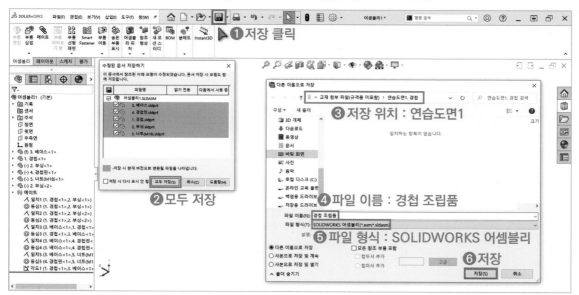

간섭 탐지 및 수정

학습목표 • 조립품의 간섭 및 조립여부를 점검하고 수정할 수 있다.
• 편집기능을 활용하여 모델링을 하고 수정할 수 있다.
• 3D CAD 데이터 형식에 대한 각각의 용도 및 특성을 파악하고 이를 변환하여 저장할
수 있다.

1 간섭 탐지 [중요 Point] [실습 Point]

https://cafe.naver.com/dongjinc/2103

간섭 탐지 기능으로 부품 조립 시 발생하는 부품의 간섭을 사전에 파악할 수 있습니다. 만약 모델링 조립품
에 간섭이 발생한다면 실제 산업현장에서 부품은 조립되지 않습니다. 따라서 조립품을 완성한 후에는 수시
로 간섭 탐지를 해야 합니다.

1 「경첩 조립품.SLDASM」을 실행합니다. 평가 도구모음의 「🔲 간섭 탐지」를 클릭합니다.

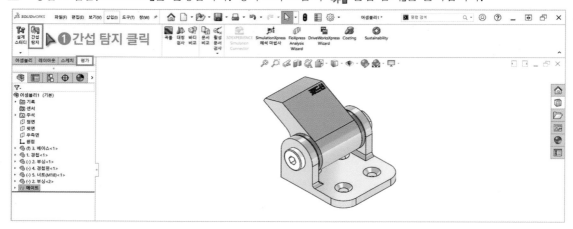

2 「계산」을 클릭해서 간섭을 탐지합니다.

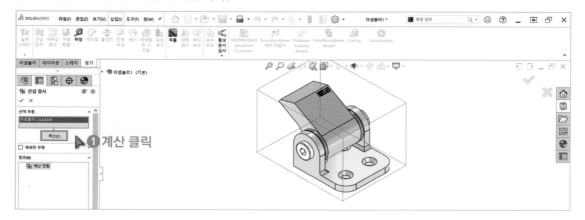

3 결과 항목을 클릭해서 간섭이 발생한 위치와 부품을 파악합니다. 불간섭 부품 옵션을 변경하면 작업화면에 보이는 부품의 시각적인 모습을 변경할 수 있습니다.

❶ 결과 항목 클릭 후
간섭 위치, 부품 파악

❷ 불간섭 부품 표시 변경

4 나사부(간섭1)와 조립부(간섭2, 3)에서 간섭이 발생한 것을 확인합니다. 불간섭 부품 옵션을 「숨긴 상태」로 변경하면 간섭이 발생한 부품만 확인할 수 있습니다.

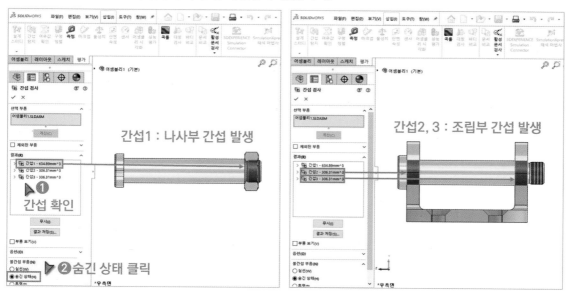

간섭1 : 나사부 간섭 발생

❶ 간섭 확인

❷ 숨긴 상태 클릭

간섭2, 3 : 조립부 간섭 발생

5 볼트, 너트는 실제 형상과는 다르게 간략히 모델링합니다. 나사의 산과 골을 모델링 하지 않고 원통의 형태로 모델링하기 때문에 모델링 형상에서는 나사부에 간섭이 발생할 수밖에 없습니다. 따라서 「ꗸ 간섭1」나사부의 간섭은 무시해도 됩니다.

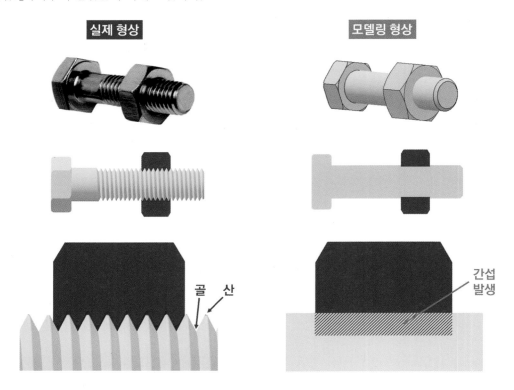

실제 형상   모델링 형상

골 산   간섭 발생

6 결과의 「ꗸ 간섭1」을 클릭하고 무시를 클릭합니다.

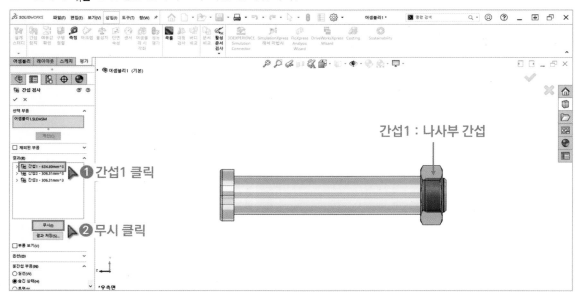

❶ 간섭1 클릭

❷ 무시 클릭

간섭1 : 나사부 간섭

7 결과의 「⟦⟧ 간섭2」를 클릭합니다. 디자인트리를 확장해서 「⟦⟧ 4. 경첩핀」을 숨깁니다. 경첩핀을 숨기지 않으면 베이스의 구멍의 크기를 측정하기 어렵습니다.

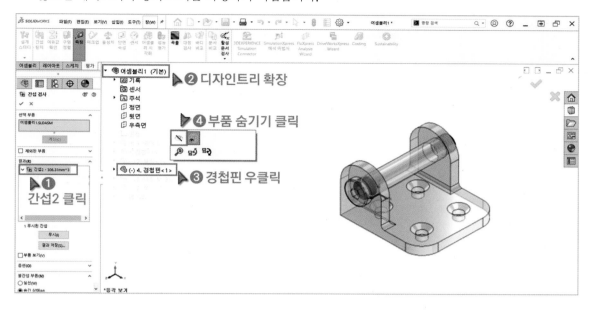

8 결과의 「⟦⟧ 3. 베이스」를 클릭합니다. 간섭 탐지 상태에서 「⟦⟧ 측정」을 클릭합니다. 베이스의 원통면을 클릭해서 간섭이 발생하는 구멍의 크기를 측정합니다.

9 디자인트리에서 「🟦 3. 베이스」를 숨기고 「🟦 4. 경첩핀」을 보이게합니다. 경첩핀의 원통면을 클릭해서 간섭이 발생하는 직경의 크기를 측정합니다. 「✏️ 🟦 두 부품」의 조립부에서 1mm의 간섭이 발생하는 것을 확인합니다.

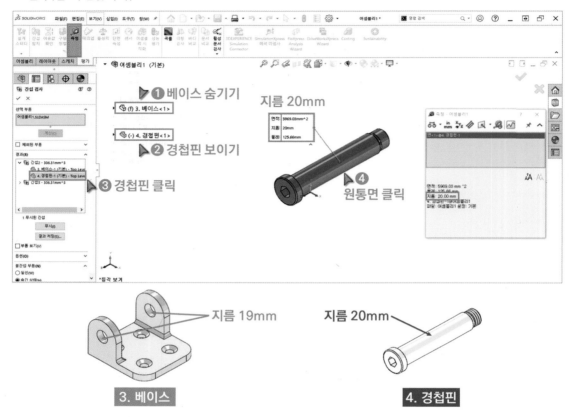

지름 19mm

3. 베이스

지름 20mm

4. 경첩핀

10 「⚙️ 측정」과 「🟦 간섭 탐지」 기능을 종료합니다.

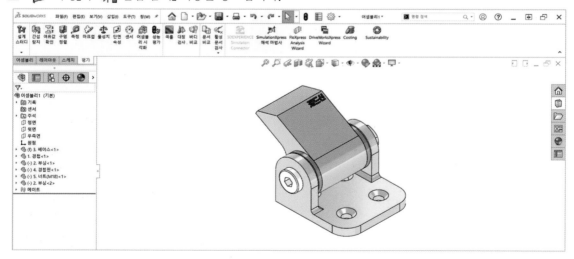

2 간섭 수정 중요 Point 실습 Point

간섭 탐지를 통해 「🖉 🦾 두 부품」에 간섭이 발생한 것을 확인했습니다. 두 부품 중 하나의 부품을 선택해서 간섭을 수정해야 합니다. 간섭하는 부품을 수정하는 방법은 2가지가 있습니다.

첫 번째 방법은 「📂 파트 열기」로 부품(SLDPRT) 파일을 열어서 수정하는 방법입니다.

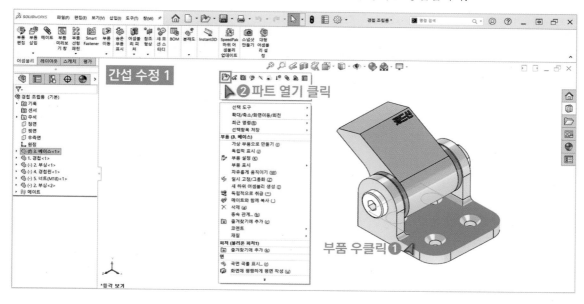

부품(SLDPRT)을 수정하고 저장하면 수정내용이 조립품(SLDASM)에 반영됩니다.

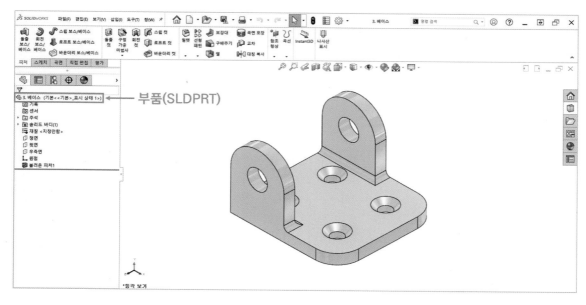

두 번째 방법은 「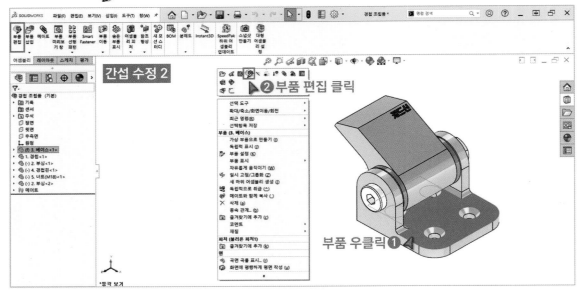 부품 편집」으로 조립품(SLDASM) 내에서 수정하는 방법이 있습니다.

부품 편집이 진행되면 우측 상단에는 종료 아이콘이 활성화 됩니다. 편집하는 부품은 디자인트리에 파란색으로 활성화됩니다. 편집하는 부품을 제외한 나머지 부품은 투명 상태가 되어 조립 관계를 파악하면서 수정할 수 있습니다.

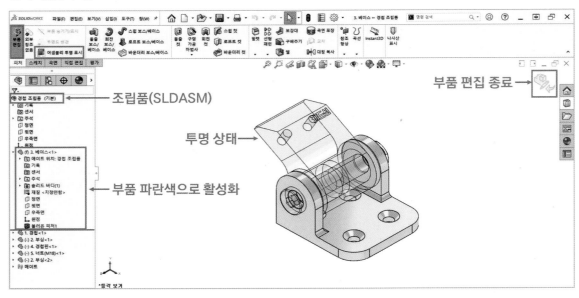

1 첫 번째 방법으로 부품을 편집합니다. 간섭을 수정하기 위해 「🧊 베이스」에서 우클릭하고 「📂 파트 열기」를 클릭합니다.

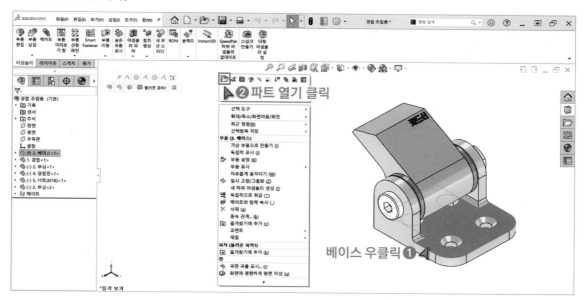

2 옆면을 클릭하고 「⌐ 스케치」를 클릭합니다.

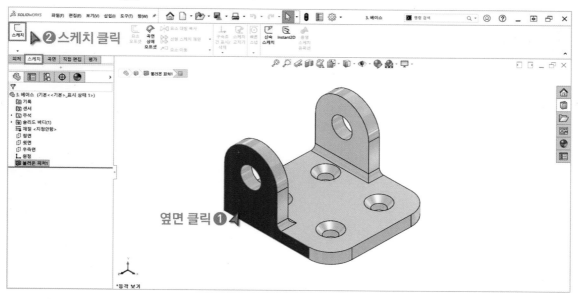

3 「원」을 클릭하고 지름 21mm의 원을 스케치합니다.(참고 : ✏ 경첩핀 지름 20mm)

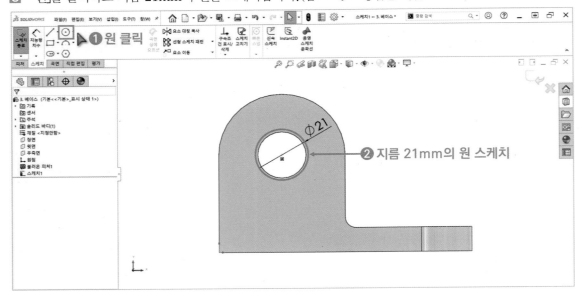

4 「🔲 돌출 컷」을 클릭하고 지름 21mm의 영역을 제거합니다.

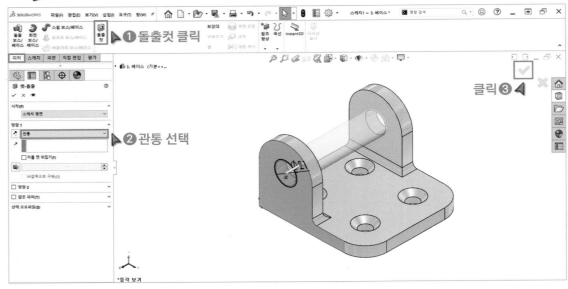

5 돌출 컷으로 인해 수정된 형상을 확인합니다. 여기서 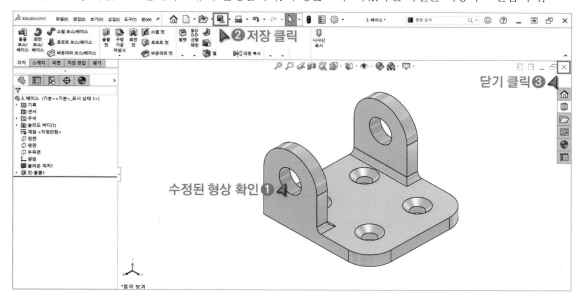 수정된 형상을 기억해두시기 바랍니다. 추후에 이 수정 작업으로 인해서 오류가 발생합니다. 수정을 모두 마쳤다면 파일을 저장하고 닫습니다.

6 파일을 닫으면 「베이스」 부품의 수정 사항을 반영하기 위해 재생성 작업이 자동으로 진행됩니다. 재생성 창의 「예」를 클릭합니다.

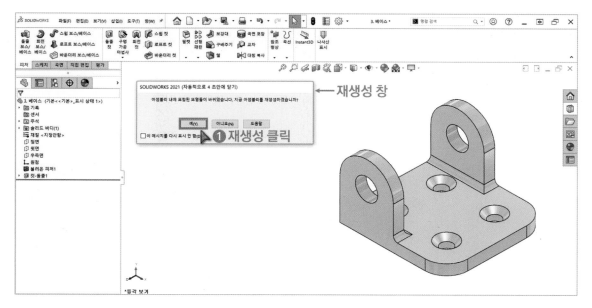

7 재생성 창이 뜨지 않거나 자동으로 실행되지 않을 경우「 ⬛ 재생성」아이콘을 클릭하면 됩니다. 재생성 후「◎ ❌ 동심4」조립 구속조건에 오류가 발생한 것을 확인합니다. 오류를 해결하기 위해「닫기」를 클릭합니다.

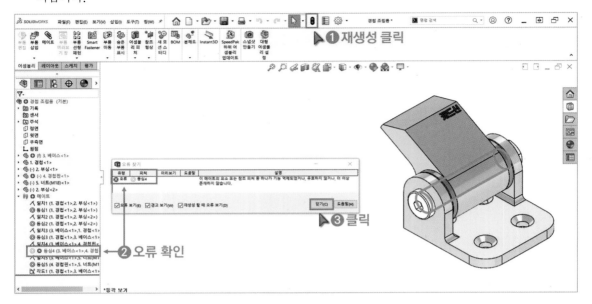

8 오류가 발생한「◎ ❌ 동심4」조립 구속조건을 삭제한 후 다시 조립 구속조건을 적용하면 오류를 쉽게 해결할 수 있습니다. 하지만 오류가 왜 발생했는지 그 원인을 분석하지 않는다면 실력은 향상되지 않습니다.

아래의 조립 과정을 통해 오류의 원인을 파악할 수 있습니다. 원통면을 클릭해서 동심 조립 구속조건을 적용했었는데 간섭이 발생해서 돌출 컷으로 클릭했던 원통면을 제거했습니다. 동심 조립 구속조건은 클릭했던 원통면을 인식하지 못하기 때문에 오류가 발생하게 됩니다.

❸ 조립품 오류의 원인과 해결 방법 중요Point 실습Point

조립품 생성 시 다양한 원인에 의해 오류가 발생합니다. 이러한 오류를 해결하지 않으면 조립품을 생성하기 어렵습니다. 따라서 오류의 원인을 분석하고 해결하는 방법은 매우 중요합니다. 조립품에서 발생하는 오류는 크게 2가지가 있습니다.

첫 번째 오류는 부품(SLDPRT)을 편집하는 과정에서 발생합니다. 조립 구속조건에서 선택했던 요소가 제거됐을 경우 오류가 발생합니다. 이를 해결하는 방법은 피처 편집에서 제거된 요소를 대체할 요소를 재선택하면 오류를 해결할 수 있습니다.

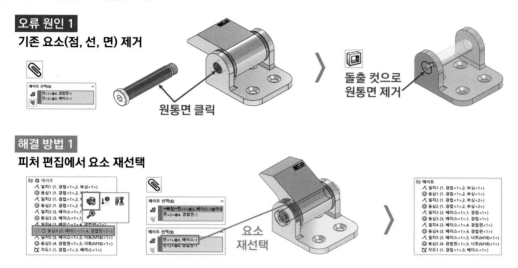

두 번째 오류는 조립품(SLDASM)에서 조립 구속조건을 적용하는 과정에서 발생합니다. 조립 구속조건을 초과 적용할 경우 오류가 발생합니다. 이를 해결하는 방법은 오류가 발생한 조립 구속조건을 삭제하면 오류를 해결할 수 있습니다.

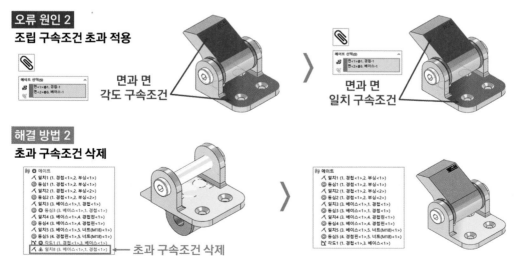

1 오류가 발생한「◎ ✖ 동심4」조립 구속조건에서 우클릭하고「🔧 피처 편집」을 클릭합니다.

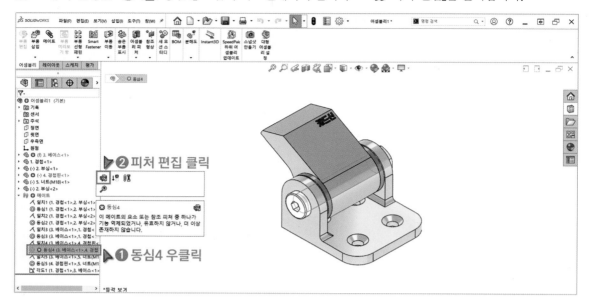

2 메이트 선택 항목에는 제거된 원통면이「**빠짐**면」으로 표시됩니다.

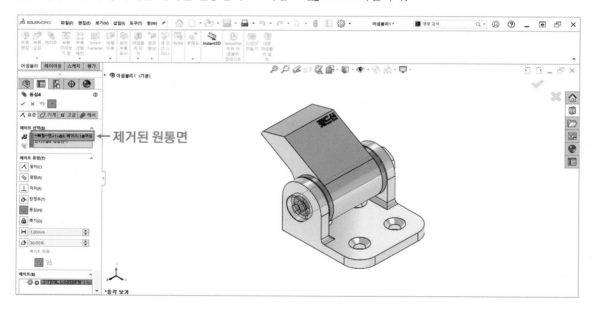

3 대체할 원통면을 재선택해서 축과 축을 동심 조립구속조건으로 다시 구속합니다.

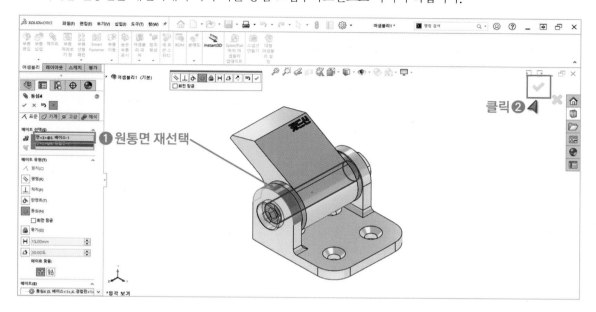

4 오류가 해결된 것을 확인합니다.

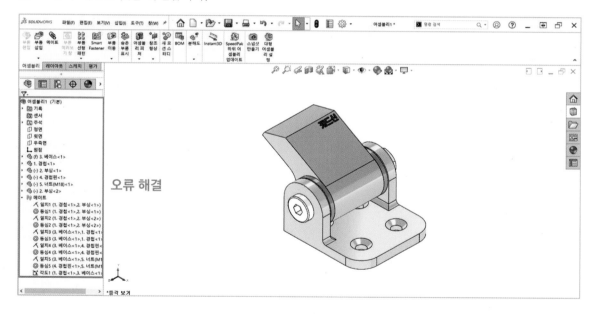

4 데이터 호환 및 저장 중요 Point 실습 Point

상위 버전에서 저장한 파일은 하위 버전에서 실행할 수 없습니다. 뿐만 아니라 다른 모델링 프로그램에서 저장된 파일은 호환이 불가능해서 실행할 수 없습니다. 이럴 경우 중립파일 형식(STEP, IGES 등)으로 저장하면 다른 버전 및 프로그램에서 파일을 실행할 수 있습니다.

구분	솔리드웍스 2010 프로그램	솔리드웍스 2021 프로그램	기타 프로그램
솔리드웍스 2010 파일	실행 가능 ○	실행 가능 ○	실행 불가능 X
솔리드웍스 2021 파일	실행 불가능 X	실행 가능 ○	실행 불가능 X
STEP, IGES 파일	실행 가능 ○	실행 가능 ○	실행 가능 ○

STEP 또는 IGES 파일로 저장할 경우 모든 프로그램에서 호환이 가능하지만 작업내용이 삭제되어 모델링 수정이 어렵습니다.

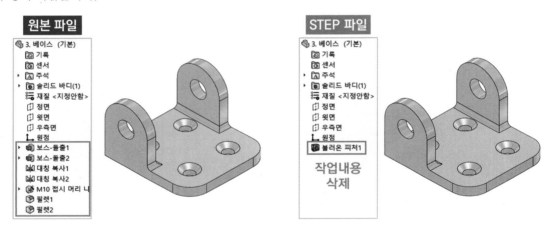

모델링한 부품(SLDPRT)과 조립품(SLDASM)을 3D프린터로 출력하기 위해서는 STL 파일형식으로 저장해야 합니다. STL 파일 형식으로 저장하면 모델링 형상은 정점(Vertex)과 모서리선(Edge)을 포함하는 삼각형 메시(Mesh)로 형상이 만들어집니다.

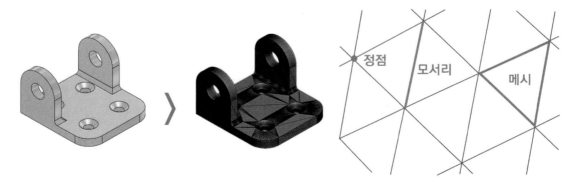

STL 파일형식으로 저장 시 단위는 「mm」 해상도는 「양호」로 저장해야 합니다. 거친 해상도로 저장하면 삼각형 메시의 크기가 커져 제품의 품질이 낮아지게 됩니다.

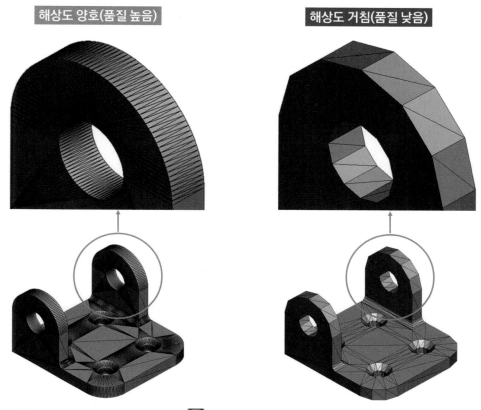

해상도 양호(품질 높음)　　　해상도 거침(품질 낮음)

1 「경첩 조립품.SLDASM」을 실행합니다. 「🗂 다른 이름으로 저장」을 클릭합니다. 파일 형식은 「STL」을 선택하고 「옵션」을 클릭합니다.

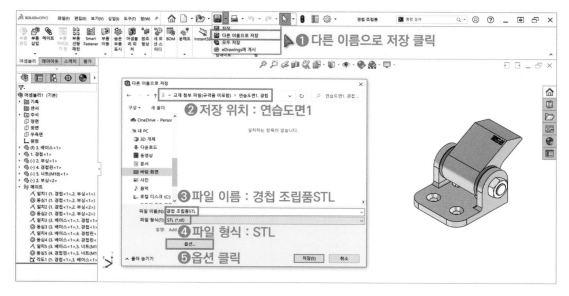

2 내보내기의 파일형식을 「STL」로 선택합니다. 단위는 「mm」를 선택합니다. 해상도를 거침 또는 양호를 선택함에 따라 미리보기에 삼각형과 파일 크기가 표시됩니다. 해상도를 「양호」로 설정하면 삼각형의 수가 늘어 제품의 품질이 높아지지만 파일의 크기(용량)가 커지게 됩니다. 해상도를 「거침」으로 설정하면 삼각형의 수가 줄어 제품의 품질이 낮아지지만 파일의 크기(용량)가 작아지게 됩니다. 해상도를 「사용자 정의」로 설정하면 삼각형의 수를 더 늘릴 수 있지만 필요 이상으로 수를 늘린다면 삼각형의 생성시간이 길어지며 파일의 크기(용량)가 커지게 됩니다. 「단일 파일에 저장」 옵션을 체크하면 부품이 조립된 상태로 1개의 STL 파일로 저장됩니다. 옵션을 해제할 경우 부품이 분해된 상태로 6개의 STL파일로 저장됩니다.

3 조립품(SLDASM) 파일을 부품(SLDPRT) 파일로 저장할 수 있으며 STEP, IGES 등 다양한 형식으로 저장할 수 있습니다.

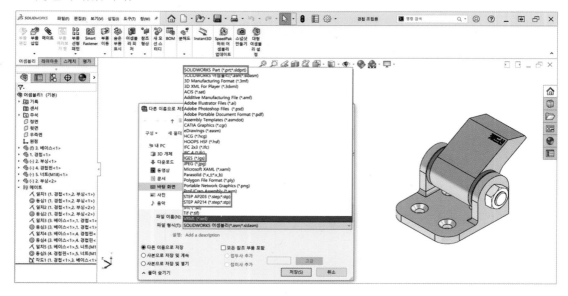

5 **표준 규격품의 활용** 중요 Point 실습 Point   ▶ https://cafe.naver.com/dongjinc/2105

조립품을 생성할 때 볼트와 너트 같은 표준 규격품을 많이 사용합니다. 표준 규격품을 활용하는 방법은 크게 3가지가 있습니다.

첫째, KS규격집을 보고 표준 규격품을 직접 모델링해서 활용합니다.

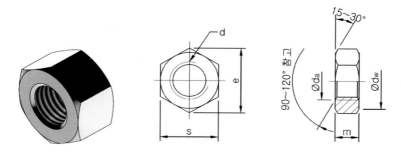

단위 : mm

나사의 호칭 d	M4	M5	M6
피치 P	0.7	0.8	1
da	4	5	6
dw	5.9	6.9	8.9
e	7.66	8.79	11.05
m	3.2	4.7	5.2
s	7	8	10

〈 육각너트 : KS B 1012 – 한국산업표준 standard.go.kr 〉

둘째, 웹사이트에서 표준 규격품을 다운받아 활용합니다. 너트의 KS규격 표준번호(육각너트 KS B 1012)에 대응하는 ISO규격 표준번호(육각너트 ISO 4032)를 확인하고 STEP 또는 IGES 파일을 다운 받습니다.

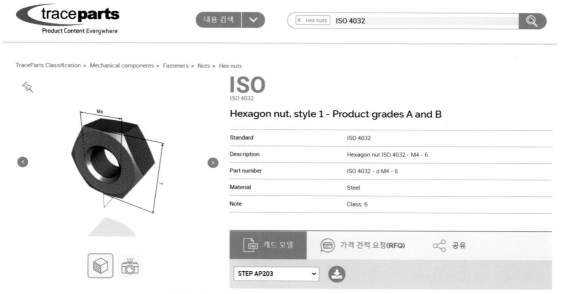

〈 육각너트 : ISO 4032 – www.traceparts.com 〉

〈 육각너트 : ISO 4032 – www.3dcontentcentral.kr 〉

셋째, 솔리드웍스 툴박스(Toolbox)에서 제공하는 표준 규격품을 활용합니다. SOLIDWORKS Standard 버전에서는 툴박스를 사용할 수 없고 Professional 이상의 버전에서만 사용 가능합니다.

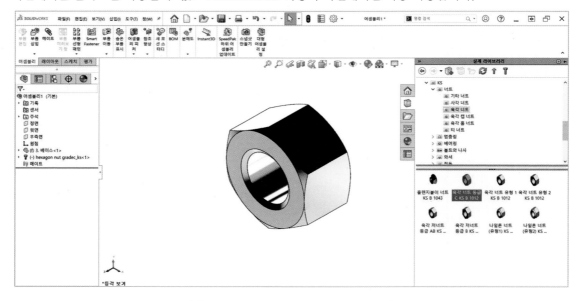

〈 육각너트 : KS B 1012 – 솔리드웍스 툴박스 〉

6 솔리드웍스 툴박스의 활용 `중요 Point` `실습 Point`

솔리드웍스 툴박스는 Premium 또는 Professional 버전의 프로그램과 함께 설치할 수 있습니다.

1 설정의 「애드인」을 클릭하고 「Toolbox Library, Toolbox Utilities」의 애드인과 시작을 모두 체크합니다. 시작을 체크하면 솔리드웍스를 실행할 때마다 툴박스가 자동으로 실행됩니다. Toolbox Library 애드인은 우측의 설계 라이브러리에서 툴박스를 사용할 수 있도록 합니다. Toolbox Utilities 애드인은 빔 계산기, 베어링 계산기, 캠, 그루브, 구조용 강을 작성하는 도구를 사용할 수 있도록 합니다.

2 「새 문서」를 클릭하고 「조립품」 템플릿을 실행합니다.

3 디자인트리의 「⌐ 원점」을 클릭합니다. 설계 라이브러리의 「연습도면1. 경첩」 폴더에서 「🔩 3. 베이스」 부품을 원점으로 드래그 앤 드롭합니다.

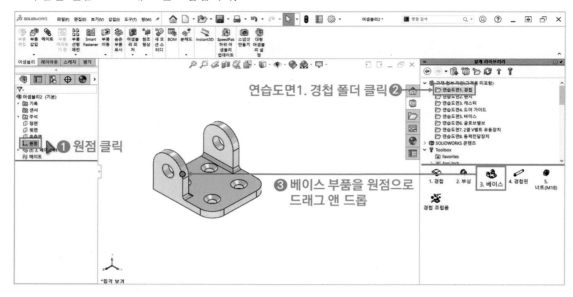

4 우측 설계 라이브러리에서 「🔩 Toolbox」를 클릭합니다. 툴박스 아래의 카테고리에서 표준 규격을 선택할 수 있습니다.

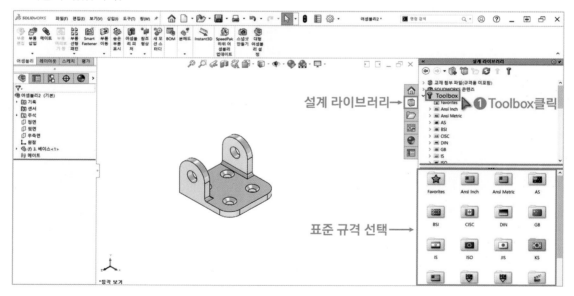

5 툴박스에서 부품을 불러오는 방법은 2가지 방법이 있습니다. 첫 번째 방법은 설계 라이브러리에 있는 툴박스 부품을 구멍 또는 작업화면으로 「드래그 앤 드롭」합니다. 이 방법을 사용하면 구멍의 크기에 맞게 부품의 크기가 자동으로 변경되고 적절한 조립 구속조건이 적용됩니다.

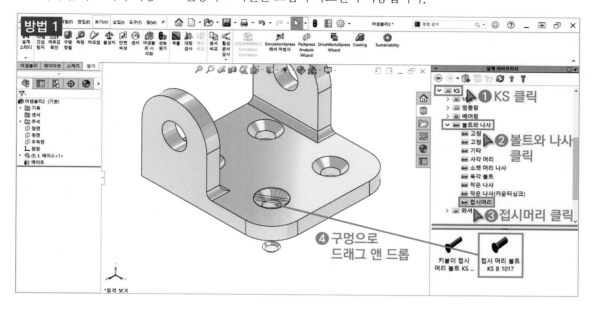

6 툴박스 부품의 파일 위치를 확인하고 크기, 길이, 나사산 표시를 선택합니다.

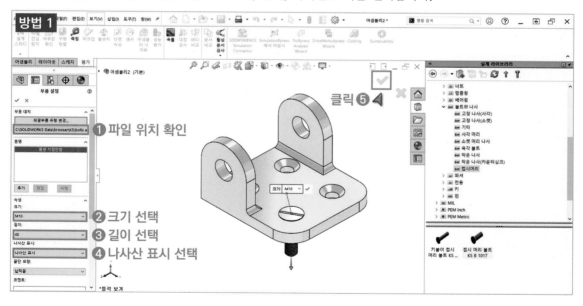

7 디자인트리에서 툴박스 부품의 🔩 아이콘의 형태를 파악합니다. 툴박스 부품을 클릭하고 「⬛ 속성」을 클릭합니다. 첫 번째 방법은 「C:\SOLIDWORKS Data\browser」 폴더에 있는 파일을 불러와서 사용하기 때문에 파일의 위치를 직접 지정할 수 없습니다. 또한 해당 파일은 여러 개의 설정으로 인해 파일 크기가 증가하게 되고 이에 따라 조립품 파일의 크기도 증가하게 됩니다. 만약 파일을 원하는 위치에 저장하고 싶다면 두 번째 방법을 사용하면 됩니다.

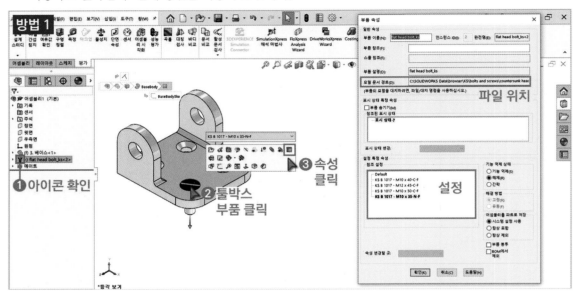

8 두 번째 방법은 툴박스 부품에서 우클릭하고 「파트 작성」을 클릭합니다.

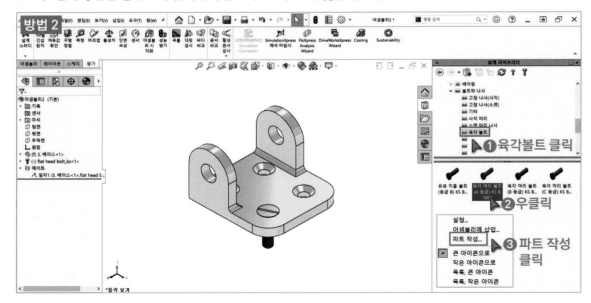

9 파트 작성을 실행하면 툴박스 부품 파일이 열립니다. 크기, 길이, 나사산 길이, 나사산 표시를 선택하고 확인을 클릭합니다.

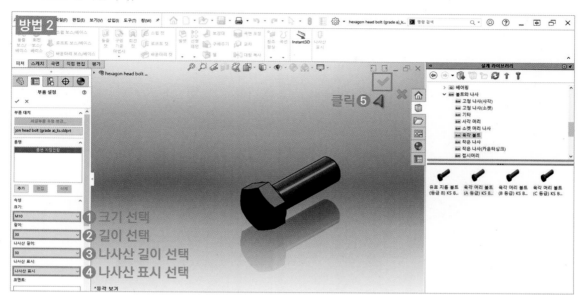

10 화면에 툴박스 부품이 보이지 않는다면 「☰ 수평 배열」을 클릭합니다. 툴박스 부품 창의 「☐ 최대화」를 클릭합니다.

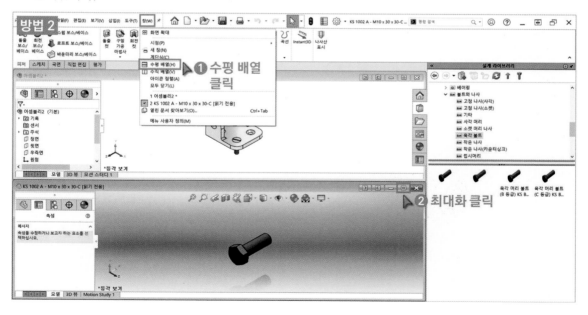

11 부품(SLDPRT)에서 나사산이 표시되지 않는다면 조립품(SLDASM)에서도 나사산이 표시되지 않습니다. 나사산을 표시하기 위해서 「⚙️ 옵션」을 클릭하고 도면화의 「음영 나사산」을 체크합니다.

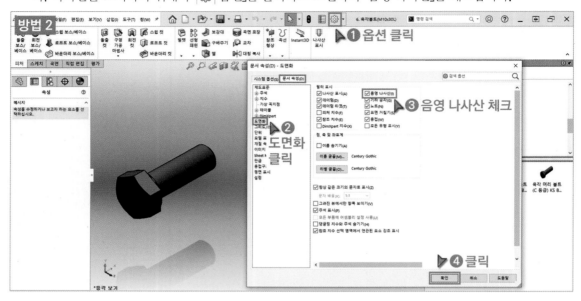

12 「💾 저장」을 클릭합니다. 위치, 파일명, 파일 형식을 지정하고 저장합니다.

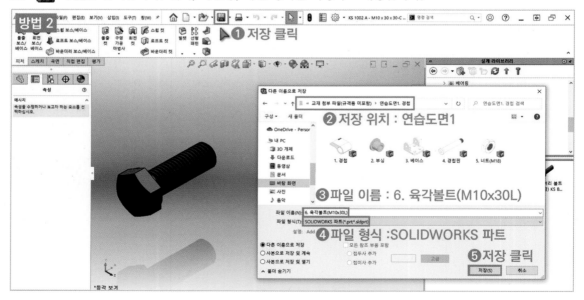

⑬ 두 번째 방법으로 저장한 툴박스 부품의 「속성」을 보면 파일의 위치와 설정이 변경된 것을 확인할 수 있습니다. 하지만 이 부품의 형태가 조금이라도 변경된다면 해당 파일은 「C:₩SOLIDWORKS Data₩ browser」 폴더에 있는 파일로 바뀌게 됩니다. 그럼 파일을 원하는 위치에서 관리하기 어려워집니다. 따라서 파일이 바뀌지 않도록 툴박스 부품의 속성을 끊는 작업을 진행해야 합니다.

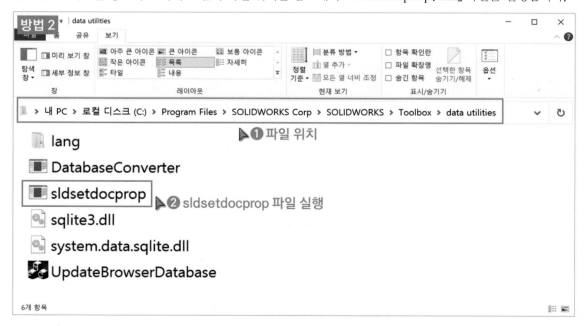

⑭ 솔리드웍스를 종료하고 아래 그림의 파일 위치를 참고해서 「sldsetdocprop.exe」 파일을 실행합니다.

⑮ 「속성 상태: 아니오」를 선택합니다. 툴박스 부품 파일을 추가하고 업데이트를 진행하면 툴박스 부품의
속성이 끊기게 됩니다.

⑯ 「🔷 조립품」 템플릿을 실행합니다. 설계 라이브러리의 「연습도면1. 경첩」 폴더에서 「🔩 6. 육각볼트」
부품을 작업화면으로 드래그 앤 드롭합니다. 디자인트리에서 부품의 아이콘을 확인합니다. 툴박스 부
품의 속성이 끊어지면 아이콘의 형태가 🔩 → 🔷 변경됩니다.

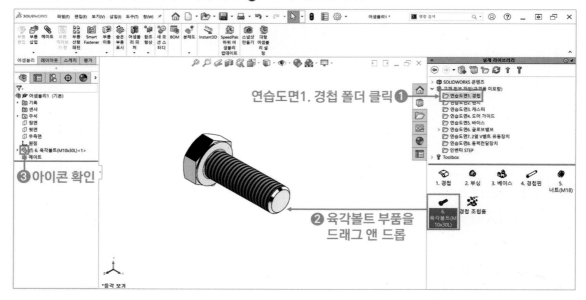

《붙임》연습도면을 참고해서 조립품을 완성하세요. 조립품은 부품과 동일한 폴더에 저장하세요. 조립품에 사용되는 표준 규격품은 《붙임》규격품 경로를 참고하고 툴박스(Toolbox)를 활용해서 다운받으세요.

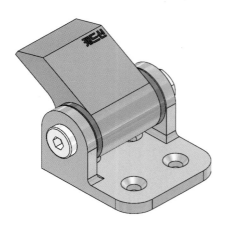

▶ https://cafe.naver.com/dongjinc/2106

〈 연습도면1. 경첩 〉

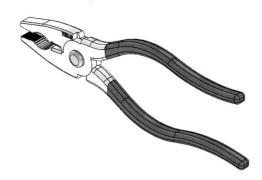

▶ https://cafe.naver.com/dongjinc/2107

〈 연습도면2. 펜치 〉

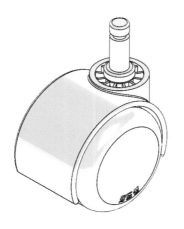

▶ https://cafe.naver.com/dongjinc/2108

〈 연습도면3. 캐스터 〉

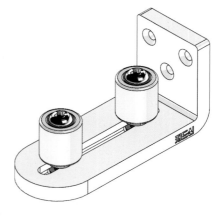

▶ https://cafe.naver.com/dongjinc/2109

〈 연습도면4. 도어 가이드 〉

《붙임》연습도면을 참고해서 조립품을 완성하세요. 조립품은 부품과 동일한 폴더에 저장하세요. 조립품에 사용되는 표준 규격품은《붙임》규격품 경로를 참고하고 툴박스(Toolbox)를 활용해서 다운받으세요.

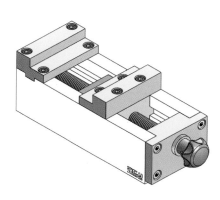

▶ https://cafe.naver.com/dongjinc/2110

〈 연습도면5. 바이스 〉

▶ https://cafe.naver.com/dongjinc/2111

〈 연습도면6. 글로브 밸브 〉

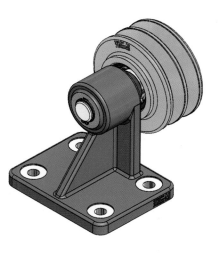

▶ https://cafe.naver.com/dongjinc/2112

〈 연습도면7. 2열 V벨트 유동장치 〉

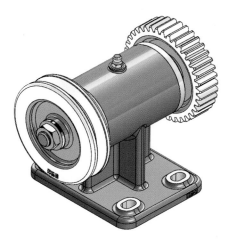

▶ https://cafe.naver.com/dongjinc/2113

〈 연습도면8. 동력전달장치 〉

02

3D형상모델링 분해

2.1 분해도 생성

2.1 분해도 생성

학습목표 • 조립품의 각 부품을 분해할 수 있다.
• 분해 지시선을 표시해서 조립·분해 관계를 나타낼 수 있다.
• 기계장치의 조립·분해 과정을 영상으로 제작할 수 있다.

1 분해도 생성 중요 Point 실습 Point

▶ https://cafe.naver.com/dongjinc/2114

조립품(SLDASM)의 각 부품을 분해해서 조립 · 분해 관계를 나타내는 분해도를 생성할 수 있습니다.

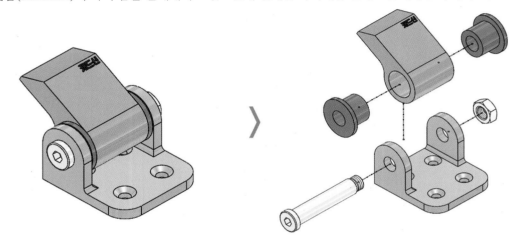

생성된 분해도를 활용해서 조립 · 분해 과정을 나타내는 영상을 제작할 수 있고 분해도를 도면에 삽입할 수 있습니다.

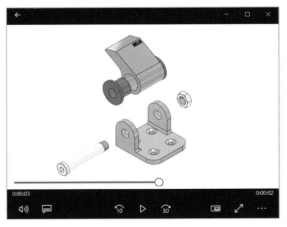

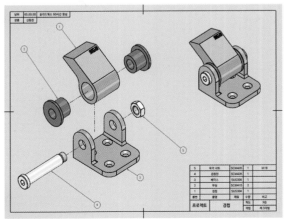

1 「연습도면 1. 경첩」을 참고하면서 실습을 진행합니다.

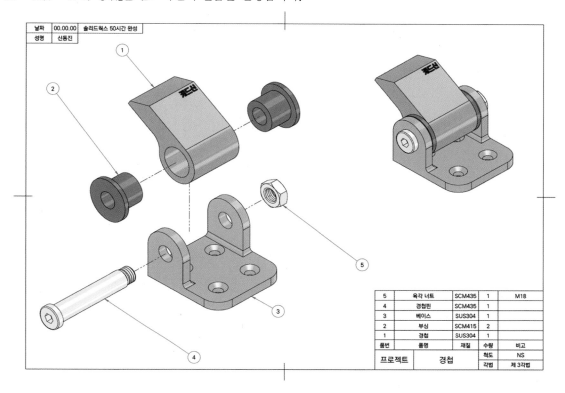

5	육각 너트	SCM435	1	M18
4	경첩핀	SCM435	1	
3	베이스	SUS304	1	
2	부싱	SCM415	2	
1	경첩	SUS304	1	
품번	품명	재질	수량	비고

프로젝트	경첩	척도	NS
		각법	제 3각법

2 지난 시간에 저장했던 「경첩 조립품.SLDASM」을 불러옵니다. 어셈블리 도구모음의 「🗂️ 분해도」를 클릭합니다.

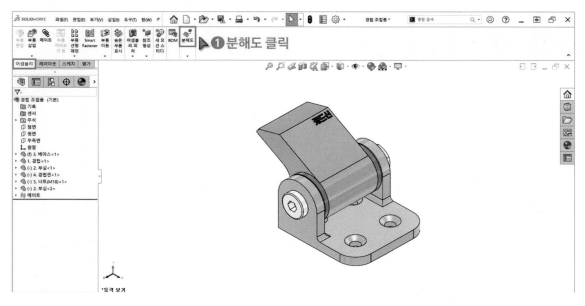

3 분해도는 각 부품을 분해하는 기능입니다.

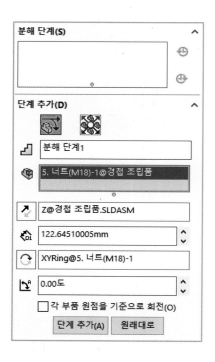

✓	확인	작업 완료
↺	실행 취소	작업 실행 취소
⬚	분해 단계(S)	분해 작업 표시
➤	일반 단계	부품을 이동 및 회전하면서 분해
✺	방사 단계	축을 기준으로 방사 형태로 부품을 분해
⬒	분해 단계	분해 작업 이름
⬢	분해 단계 부품	선택한 부품
➚	분해 방향	분해할 좌표축 표시, 분해 방향 변경
⟲	분해 거리	부품이 이동하는 거리
↻	회전 축	회전할 기준면 표시, 회전 방향 변경
⟳	회전 각도	부품이 회전하는 각도
☐	각 부품 원점을 기준으로 회전	조립품의 좌표계 사용
☑	각 부품 원점을 기준으로 회전	부품의 좌표계
	단계 추가	분해 작업 적용

4 「⬡ 너트」를 클릭합니다. 너트에 조립품 좌표계가 표시되는 것을 확인합니다. 「☐ 각 부품 원점을 기준 으로 회전」옵션을 해제하면 조립품 좌표계를 기준으로 부품을 이동, 회전할 수 있습니다.

5 「☑ 각 부품 원점을 기준으로 회전」 옵션을 체크합니다. 너트에 표시되는 부품 좌표계를 확인합니다. 부품을 회전하는 경우 부품 좌표계를 사용하는 것이 좋습니다. 하지만 각 부품마다 부품 좌표계의 방향이 다르기 때문에 부품을 이동하는 경우엔 조립품 좌표계를 사용하는 것이 좋습니다. 「➡ 좌표축」을 드래그하면 부품을 이동, 「◯ 기준면」을 드래그하면 부품을 회전할 수 있습니다.

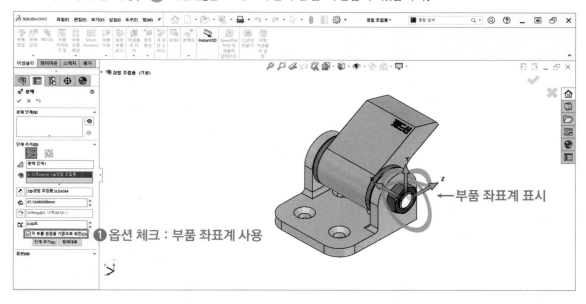

❶ 옵션 체크 : 부품 좌표계 사용

←부품 좌표계 표시

6 「➡ 좌표축」을 드래그해서 부품을 이동합니다. 「거리 값 : 55」를 입력합니다. 분해도를 생성하는 목적은 부품의 조립·분해 관계를 나타내기 위함입니다. 여기서 입력하는 거리 값은 정해져 있지 않습니다. 따라서 도면을 참고해서 부품을 적정한 위치로 이동시켜도 됩니다. 「각도 값 : 500」을 입력합니다. 「완료」를 클릭합니다.

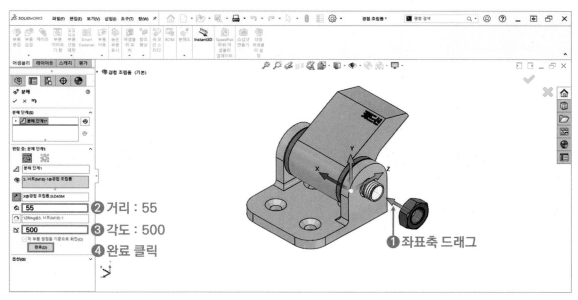

❷ 거리 : 55
❸ 각도 : 500
❹ 완료 클릭

❶ 좌표축 드래그

7 완료된 분해 작업을 확인합니다. 「✔ 확인」을 클릭해서 분해도 작업을 종료합니다.

❷ 확인 클릭(작업 종료)
❶ 완료된 분해 작업 확인

8 「⬚ 설정」을 클릭합니다. 「⬚ 분해도」가 생성된 것을 확인합니다. 분해도를 더블 클릭하면 기능이 억제되면서 조립 상태로 보여집니다. (⬚ 분해 상태, ⬚ 조립 상태)

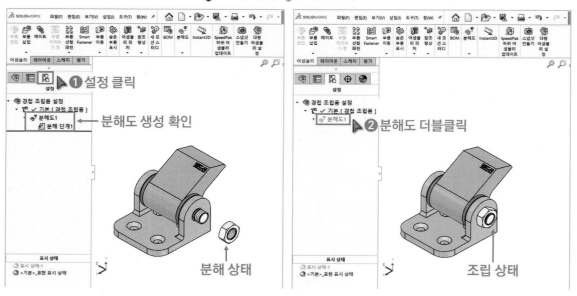

❶ 설정 클릭
분해도 생성 확인
분해 상태

❷ 분해도 더블클릭
조립 상태

9 「🐞 분해도」에서 우클릭하고 「애니메이션 조립」을 클릭합니다. 재생과 왕복을 클릭해서 조립·분해 애니메이션을 확인합니다.

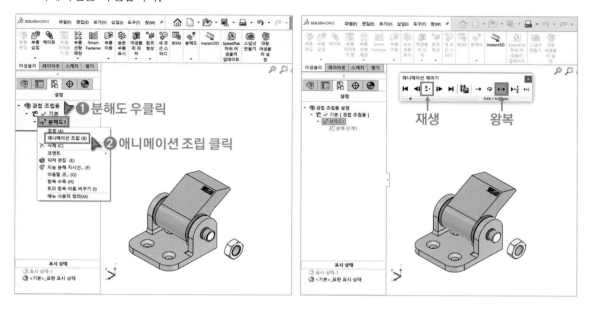

10 너트의 회전 방향을 변경하기 위해 「🗗 분해 단계1」에서 우클릭하고 「분해 단계 편집」을 클릭합니다. 「🔄 회전 반대 방향」을 클릭하고 작업을 완료합니다.

11 「□각 부품 원점을 기준으로 회전」옵션을 해제해서 조립품 좌표계를 사용합니다. 「✎ 경첩핀」을 클릭합니다. 「➡ 좌표축」을 드래그해서 부품을 이동합니다. 「거리값 : 160」을 입력하고 작업을 완료합니다.

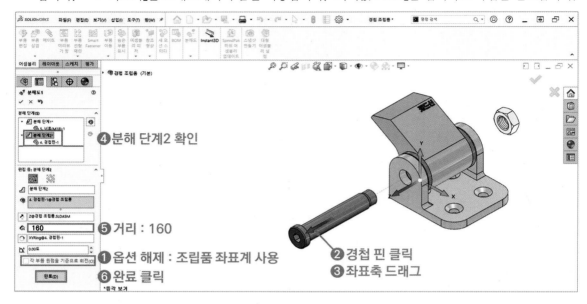

④ 분해 단계2 확인

⑤ 거리 : 160

① 옵션 해제 : 조립품 좌표계 사용
⑥ 완료 클릭

② 경첩 핀 클릭
③ 좌표축 드래그

12 「◆ 경첩」과 「◉ 부싱」을 클릭합니다. 「➡ 좌표축」을 드래그해서 3개의 부품을 동시에 이동합니다. 「거리 값 : 110」을 입력하고 작업을 완료합니다.

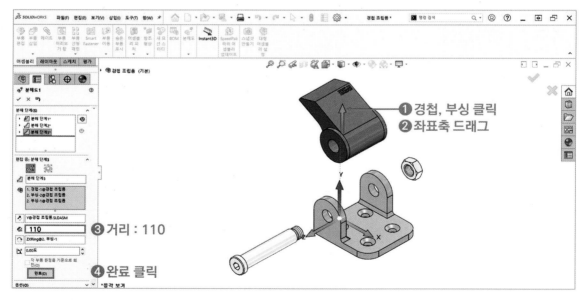

① 경첩, 부싱 클릭
② 좌표축 드래그

③ 거리 : 110

④ 완료 클릭

13 「 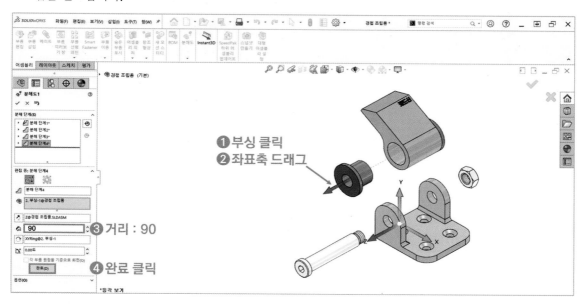 부싱」을 클릭합니다. 「➡ 좌표축」을 드래그해서 부품을 이동합니다. 「거리 값 : 90」을 입력하고 작업을 완료합니다.

① 부싱 클릭
② 좌표축 드래그
③ 거리 : 90
④ 완료 클릭

14 「 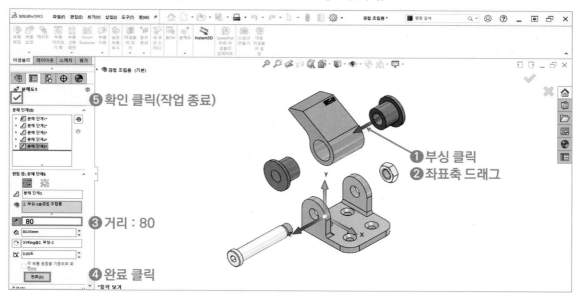 부싱」을 클릭합니다. 「➡ 좌표축」을 드래그해서 부품을 이동합니다. 「거리 값 : 80」을 입력하고 작업을 완료합니다. 「✔ 확인」을 클릭해서 분해도 작업을 종료합니다.

⑤ 확인 클릭(작업 종료)
① 부싱 클릭
② 좌표축 드래그
③ 거리 : 80
④ 완료 클릭

15 「🖳 설정」을 클릭합니다. 「🖳 분해도」를 확인하고 각 부품이 적절한 위치로 이동했는지 검토합니다.

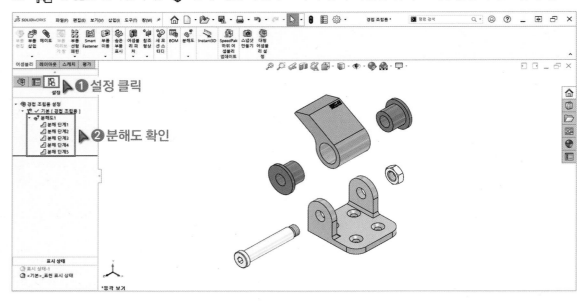

16 부품을 클릭하고 화살표를 드래그하면 부품의 위치를 수정할 수 있습니다.

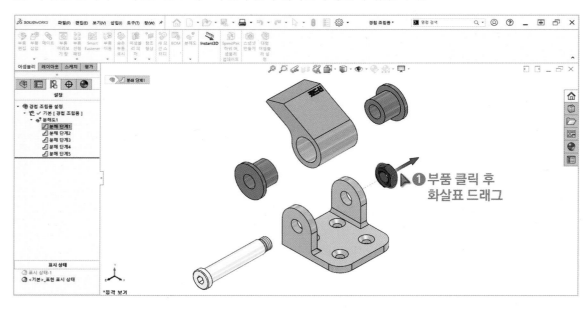

2 조립 · 분해 영상 제작 [실습 Point]

1 「⊞ 설정」을 클릭합니다. 「⊞ 분해도」에서 우클릭하고 「애니메이션 조립」을 클릭합니다.

2 「▶️ 끝」을 클릭해서 조립 상태의 시점으로 이동합니다. 「↔ 왕복」을 클릭하면 분해 과정과 조립 과정을 모두 영상으로 제작할 수 있습니다. 「▶×½ ▶×2 재생 속도」를 클릭하면 영상의 속도를 조절할 수 있습니다. 작업화면에 보이는 모습이 영상으로 제작되기 때문에 조립품을 가운데로 배치합니다.

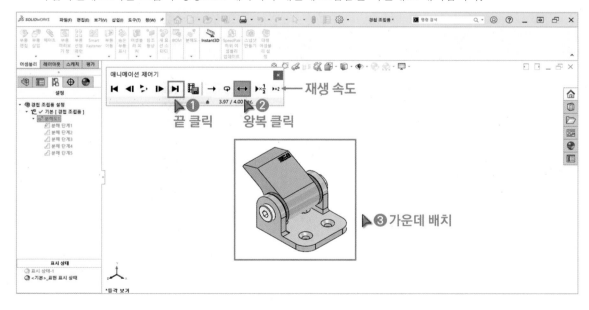

3 「📹 저장」을 클릭합니다. 영상의 파일 형식은 「MP4 비디오 파일」로 선택합니다. MP4 형식은 압축률이 높아 작은 크기(용량)와 높은 품질의 영상으로 저장할 수 있습니다. 사용자정의 종횡비는 「4 : 3」을 선택합니다. 종횡비는 영상의 크기를 의미합니다. 「초당 프레임 : 7.5」을 입력합니다. 초당 프레임은 1초 동안 보여주는 화면의 수를 의미합니다. 프레임 수가 높을 경우 영상이 부드럽게 재생되지만, 파일의 크기(용량)가 커지게 됩니다. 프레임 수가 낮을 경우 영상이 끊기며 재생되지만 파일의 크기(용량)가 작아지게 됩니다. 따라서 적절한 프레임 수를 입력하는 것이 좋은데 일반적으로 영화는 24프레임, 유튜브 영상은 30프레임으로 제작되고 있습니다.

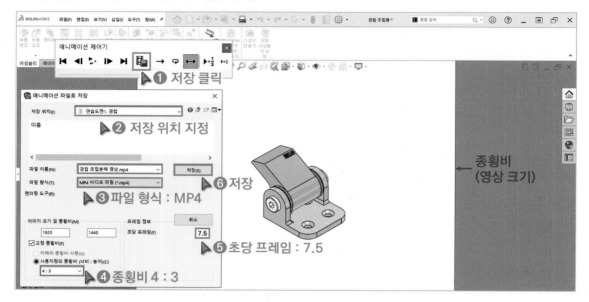

4 자동으로 애니메이션이 재생되며 영상 녹화가 진행됩니다. 분해, 조립 과정을 모두 확인한 후에 📹 저장」을 클릭합니다.

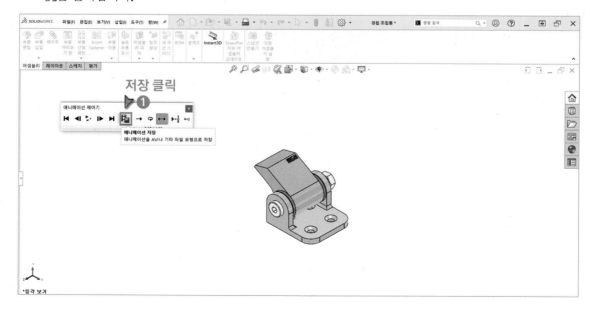

5 폴더에 저장된 영상을 실행합니다. 영상이 안 보일 경우 통합 코덱이나 동영상 재생 프로그램을 설치하면 됩니다.

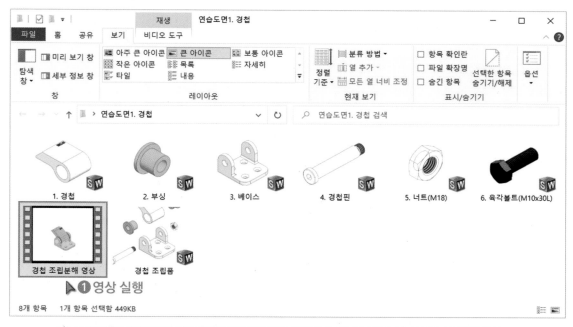

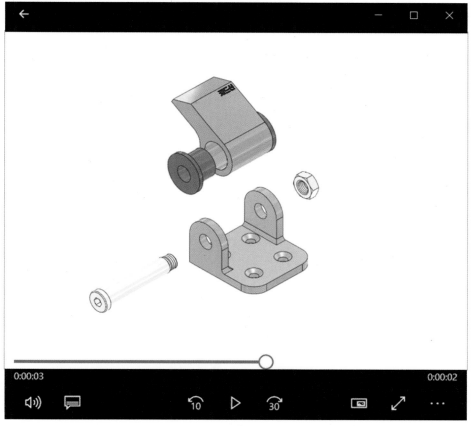

분해 지시선 스케치 실습 Point ◀

■ 어셈블리 도구모음의 「 분해 지시선 스케치」를 클릭합니다. 분해 지시선으로 부품의 조립·분해 경로를 표시할 수 있습니다.

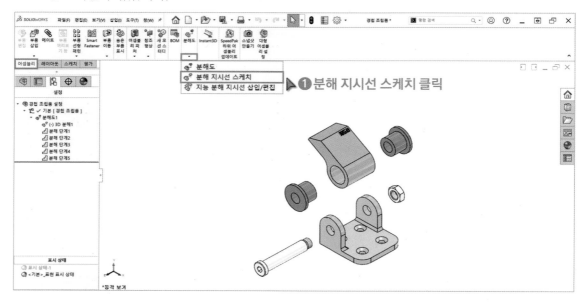

② 4개의 모서리선을 순서대로 클릭합니다. 「➡ 화살표」를 클릭해서 분해 지시선을 직선의 형태로 변경합니다. 「★ 보이기 유지」를 활성화 시키면 지시선을 연속으로 생성할 수 있습니다. 「✔ 확인」을 클릭해서 분해 지시선을 생성합니다.

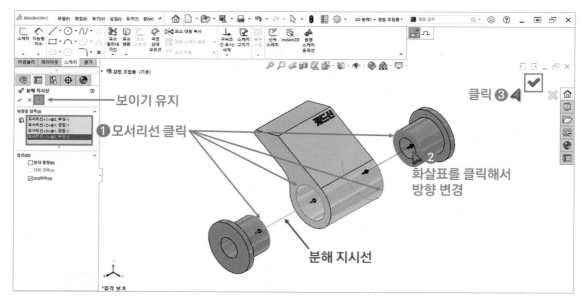

3 동일한 방법으로 2개의 모서리선을 클릭해서 분해 지시선을 생성합니다. 분해 지시선이 필요 이상으로 많을 경우 조립·분해 관계를 파악하기 어렵습니다. 따라서 분해 지시선은 조립·분해 관계를 파악할 수 있을 정도로 최소한으로 생성해야 합니다.

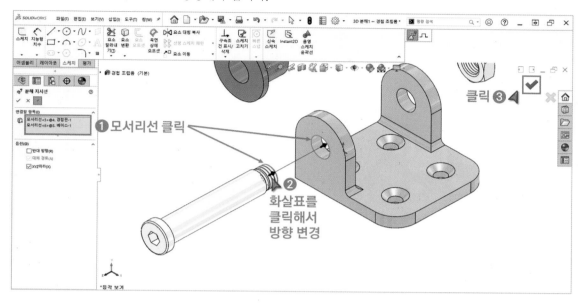

4 2개의 모서리선을 클릭해서 분해 지시선을 생성합니다.

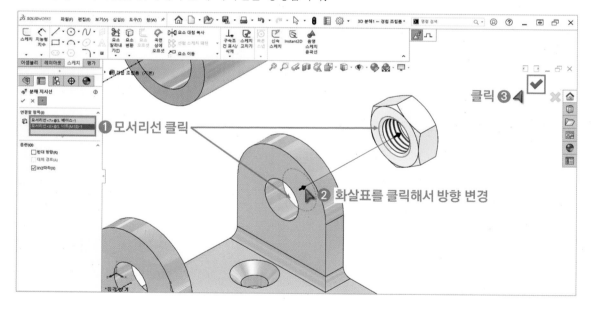

5 분해 지시선이 원하는 형태로 생성되지 않는다면 선을 스케치하면 됩니다. 스케치 도구모음의 「／ 선」
을 클릭합니다. 선을 스케치해서 부품의 조립·분해 경로를 나타냅니다. 선을 스케치할 때 Tap 키를
누르면 기준면(정면, 윗면, 우측면)을 변경하면서 스케치할 수 있습니다.

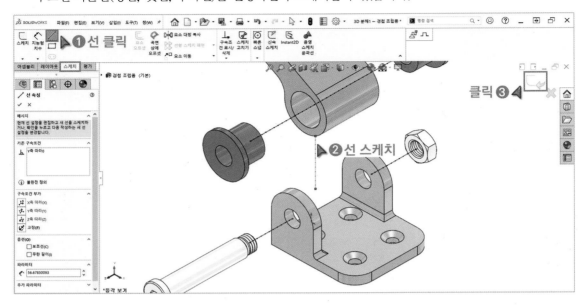

6 「🔧 설정」을 클릭합니다. 「🔩 3D 분해」가 생성된 것을 확인합니다. 분해 지시선을 표시하고 싶지 않다
면 「🔩 3D 분해」에서 우클릭하고 「🚫 숨기기」를 클릭합니다.

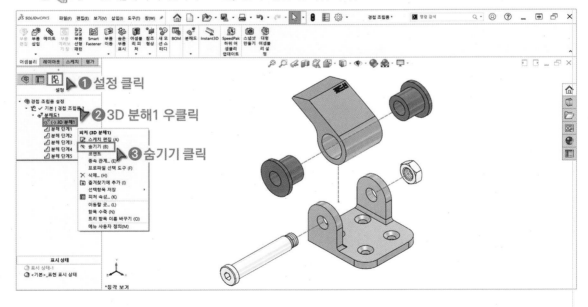

《붙임》 연습도면을 참고해서 분해도를 완성하세요. 분해 지시선은 생성하지 마세요.

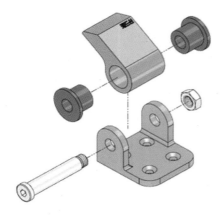

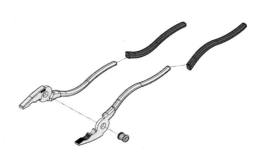

▶ https://cafe.naver.com/dongjinc/2116

〈 연습도면1. 경첩 〉

▶ https://cafe.naver.com/dongjinc/2117

〈 연습도면2. 펜치 〉

▶ https://cafe.naver.com/dongjinc/2118

〈 연습도면3. 캐스터 〉

▶ https://cafe.naver.com/dongjinc/2119

〈 연습도면4. 도어 가이드 〉

《붙임》 연습도면을 참고해서 분해도를 완성하세요. 분해 지시선은 생성하지 마세요.

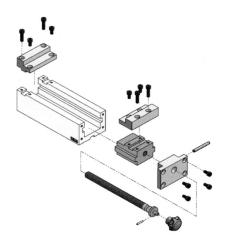

▶ https://cafe.naver.com/dongjinc/2120

〈 연습도면5. 바이스 〉

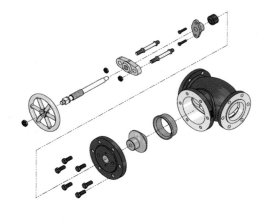

▶ https://cafe.naver.com/dongjinc/2121

〈 연습도면6. 글로브 밸브 〉

▶ https://cafe.naver.com/dongjinc/2122

〈 연습도면7. 2열 V벨트 유동장치 〉

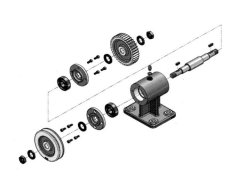

▶ https://cafe.naver.com/dongjinc/2123

〈 연습도면8. 동력전달장치 〉

3D형상모델링 도면

조립도 및 분해도 작성

학습목표 • 프린터, 플로터 등 인쇄 장치를 설치하고 출력 도면 영역을 설정하여 실척 및 축(배)척으로 출력할 수 있다.
• 3D CAD 데이터 형식에 대한 각각의 용도 및 특성을 파악하고 이를 변환할 수 있다.
• 작업된 도면의 용도 및 활용성을 파악하고 분류하여 저장할 수 있다.
• 도면을 요구되는 데이터 형식에 맞도록 저장하거나 출력할 수 있다.

1 엔지니어링모델링 구조체계 중요 Point

https://cafe.naver.com/dongjinc/2124

모델링을 할 때 아래의 3가지 기능은 서로 연관되어 있습니다. 만약 파트에서 오류가 발생한다면 어셈블리와 도면에 오류가 발생합니다. 따라서 각 기능에 대한 개념을 이해하고 작업을 하는 것이 매우 중요합니다.

❶ 파트(SLDPRT) : 1개의 단일 부품을 모델링하는 기능입니다.
❷ 어셈블리(SLDASM) : 2개 이상의 부품을 조립 · 분해하는 기능입니다.
❸ 도면(SLDDRW) : 제품 제작을 위한 부품도, 조립도, 분해도 등의 도면을 작성하는 기능입니다.

도면을 작성하기 위해서는 파트(SLDPRT) 또는 어셈블리(SLDASM) 파일이 필요합니다. 해당 파일은 모두 하나의 폴더에 저장하고 관리하는 것이 효율적입니다.

파트(SLDPRT), 어셈블리(SLDASM), 도면(SLDDRW)은 서로 연관되어 있기 때문에 파트의 형상 및 정보가 변경된다면 나머지 어셈블리와 도면의 형상 및 정보도 동일하게 변경됩니다.

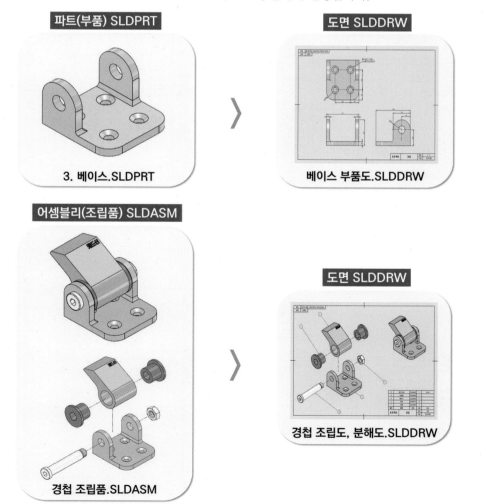

2 한국산업표준(KS : Korean Industrial Standards)

산업표준의 제정은 광공업품 및 산업 활동 관련 서비스의 품질·생산효율·생산기술을 향상시키고 거래를 단순화·공정화하며, 소비를 합리화함으로써 산업경쟁력을 향상시켜 국가경제를 발전시키는 것을 목적으로 합니다.

3 표준규격의 의미

표준규격은 일정한 규격에 맞게 제품을 생산하여 생산을 능률화하고 제품의 균일화와 품질의 향상, 제품 상호간의 호환성을 확보하기 위해 만들어진 약속과 규칙을 말합니다. 용도가 같은 제품은 그 크기, 모양, 품질 등을 일정한 규격으로 표준화하면 제품 상호간 호환성이 있어서 사용하기 편리할 뿐만 아니라, 제품을 능률적으로 생산할 수 있고 품질을 향상시킬 수 있습니다. 기계제도 관련 규격은 KS B 0001 부문에 규정되어 있으며 엔지니어들은 KS규격에 준하여 제품을 설계, 생산하고 있습니다.

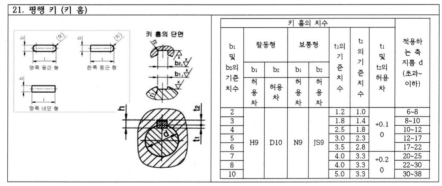

〈 KS 규격 〉

4 기계제도의 정의

기계제도는 특정 기계 및 제품을 제작하기 위해 모양, 구조, 치수, 재료, 가공방법 등 모든 정보를 도형, 문자, 기호로 표시하는 것을 말합니다..

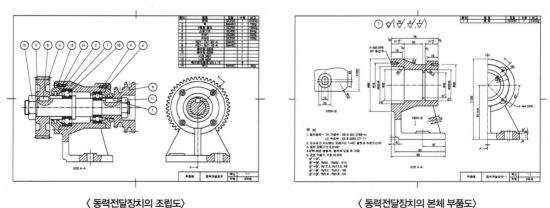

〈 동력전달장치의 조립도 〉   〈 동력전달장치의 본체 부품도 〉

5 도면의 크기

기계제도용 도면은 기계제도규격(KS B 0001), 도면의 크기 및 양식(KS A 0106)에서 규정한 크기를 사용해야 합니다. 국내에서는 KS에서 정하는 A열 기계제도용 도면을 사용합니다. 주로 A2, A3, A4의 크기를 많이 사용합니다.

호칭	크기
A0	1189 x 841 mm
A1	841 x 594 mm
A2	594 x 420 mm
A3	420 x 297 mm
A4	297 x 210 mm
A5	210 x 148 mm
A6	148 x 105 mm

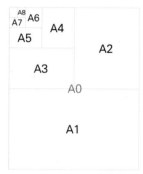

〈 A열 기계제도용 도면의 크기 〉

6 도면의 양식

도면에 반드시 마련해야 하는 양식은 윤곽선, 표제란, 중심마크가 있습니다.

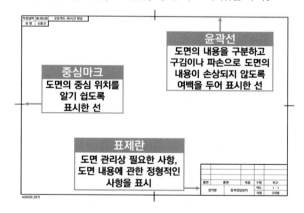

윤곽선
도면의 내용을 구분하고 구김이나 파손으로 도면의 내용이 손상되지 않도록 여백을 두어 표시한 선

중심마크
도면의 중심 위치를 알기 쉽도록 표시한 선

표제란
도면 관리상 필요한 사항, 도면 내용에 관한 정형적인 사항을 표시

7 도면의 척도

척도는 물체의 실제 크기와 도면에서의 크기 비율을 말합니다. 한국산업표준(제도–척도 KS A ISO5455)에서는 척도의 표시방법을 'A : B'로 하도록 규정하고 있습니다. 척도는 표제란에 기입하는 것이 원칙이나, 표제란이 없는 경우 도명이나 품번의 가까운 곳에 기입합니다. 같은 도면에서 서로 다른 척도를 사용하는 경우에는 각 투상도 옆에 사용된 척도를 기입합니다. 투상도의 크기가 치수와 비례하지 않을 경우 척도에 NS(Not to Scale)를 기입합니다.

현척 실물과 같은 크기로 그리는 경우
축척 실물보다 작게 그리는 경우
배척 실물보다 크게 그리는 경우

A : B
└ 물체의 실제 크기
└ 도면에서의 크기

8 선의 용도에 따른 종류와 굵기

도면에서의 선은 크게 실선, 파선, 쇄선으로 나누어지며, 선의 굵기는 0.18 / 0.25 / 0.35 / 0.5 / 0.7 / 1 / 1.4 / 2(mm) 8가지로 규정 하고 있습니다. 선은 용도에 따라 종류와 굵기가 정해집니다. 또한 도면의 크기에 따라 선의 굵기가 정해집니다.

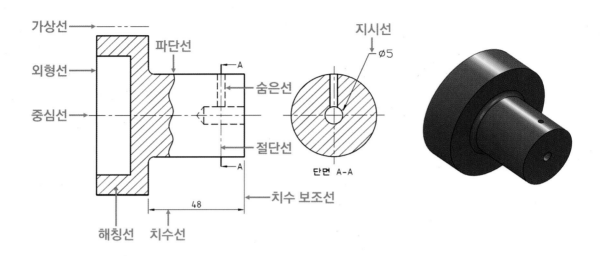

외형선	물체의 보이는 부분의 형상을 나타내는 선으로 0.35~0.7mm 두께의 굵은실선 사용
치수선	치수를 기입하기 위한 선으로 0.18~0.35mm 두께의 가는실선 사용
치수보조선	치수를 기입하기 위하여 도형에서 인출 한 선으로 0.18~0.35mm 두께의 가는실선 사용
지시선	지시, 기호 등을 나타내기 위한 선으로 0.18~0.35mm 두께의 가는실선 사용
숨은선	대상물의 보이지 않는 부분의 모양을 표시하는 선으로 외형선의 두께의 ½ 또는 같은 두께의 가는파선 사용
중심선	도형의 중심이나 대칭을 표시하는 선으로 0.18~0.3mm 두께의 가는1점쇄선 사용
가상선	가공 전 또는 가공 후의 형상이나 이동하는 부분의 가동 위치를 표시하는 선으로 0.18~0.3mm 두께의 가는2점쇄선을 사용
파단선	대상물의 일부를 파단한 경계 또는 일부를 떼어낸 경계를 표시하는 선으로 0.18~0.35mm 두께의 가는실선 사용
해칭선	단면도의 절단면을 나타내는 선으로 0.18~0.35mm 두께의 가는실선 사용
절단선	단면도를 그릴경우에 절단 위치를 표시 하는 선으로 끝은 굵은실선, 중간은 가는1점쇄선 사용

9 **작업환경설정, 도면 템플릿 저장** 실습Point

도면에는 설계자의 의도가 반영되어야 하며 도면을 보는 사람이 쉽게 해독할 수 있도록 정확하고 간결하고 균일하게 작성되어야 합니다. 작업환경설정 후 도면양식 템플릿을 저장해서 도면이 균일하게 작성되도록 합니다.

1 「□ 새 문서」를 클릭하고「▦ 도면」을 더블 클릭합니다.

2 「A3 (ISO)」 시트를 선택하고 도면의 크기를 확인합니다. 「□ 시트 형식 표시」 옵션을 해제합니다. 해당 옵션이 체크되어 있을 경우 기본적으로 제공되는 도면양식이 표시됩니다.

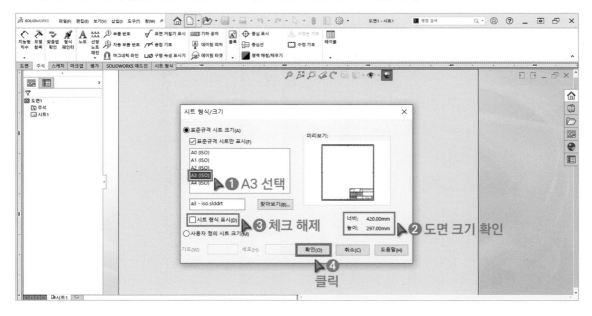

3 「🗔 모델뷰」 기능이 자동으로 실행됩니다. 「☐ 새 도면 작성시 시작 명령」 옵션을 해제하면 모델뷰 기능이 자동으로 실행되지 않습니다. 「✕ 취소」를 클릭해서 모델뷰를 종료합니다.

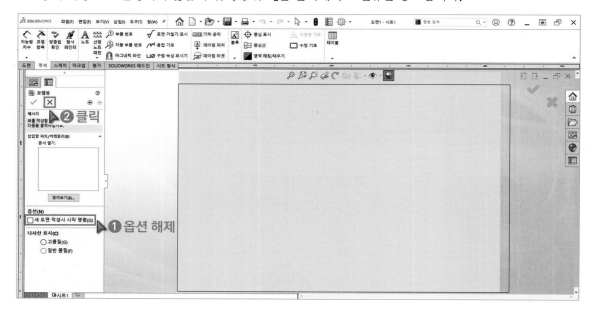

4 「🗔 시트」 우클릭 후 「🗔 속성」을 클릭합니다. 아래와 같이 시트 속성을 설정합니다.

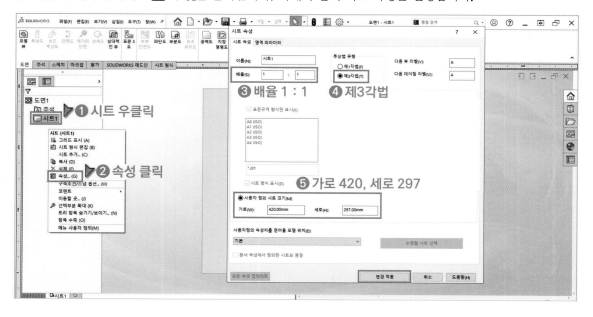

5 빈 영역에서 우클릭 후 도구모음의 「레이어」를 클릭합니다. 레이어를 사용해서 객체의 색상, 선 종류, 선 두께 등을 변경할 수 있습니다.

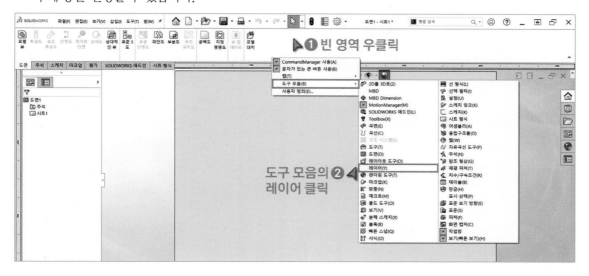

6 「🗂 레이어 속성」을 클릭합니다. 아래의 표를 참고해서 레이어를 생성합니다. 선의 용도에 따라 더 많은 레이어를 생성할 수 있지만 레이어가 많아질 경우 관리가 어려우며 비효율적인 도면작업이 될 수 있습니다. 따라서 최소한으로 꼭 필요한 레이어만 생성하는 것이 좋습니다.

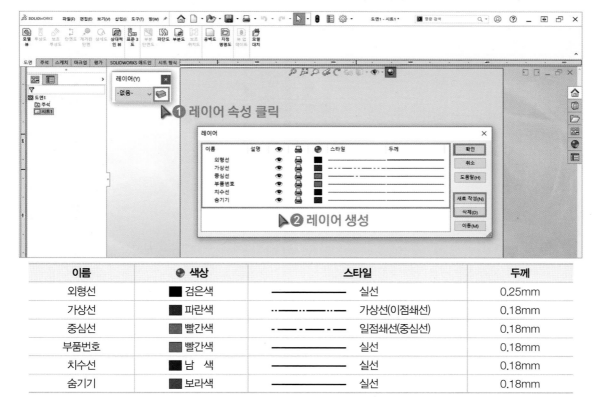

이름	🎨 색상	스타일		두께
외형선	⬛ 검은색	————————	실선	0.25mm
가상선	⬛ 파란색	·—··—··—··—	가상선(이점쇄선)	0.18mm
중심선	⬛ 빨간색	·—·—·—·—·	일점쇄선(중심선)	0.18mm
부품번호	⬛ 빨간색	————————	실선	0.18mm
치수선	⬛ 남 색	————————	실선	0.18mm
숨기기	⬛ 보라색	————————	실선	0.18mm

7 레이어는 「규격대로」를 선택합니다. 규격대로를 선택하면 객체를 작성할 때 옵션에서 설정한 레이어가
적용됩니다.

8 [참고] 레이어를 「규격대로」로 선택할 경우 옵션에서 설정한 레이어가 적용됩니다. 레이어를 「중심선」으
로 선택할 경우 옵션을 무시하고 중심선(빨간색, 일점쇄선) 레이어가 적용됩니다.

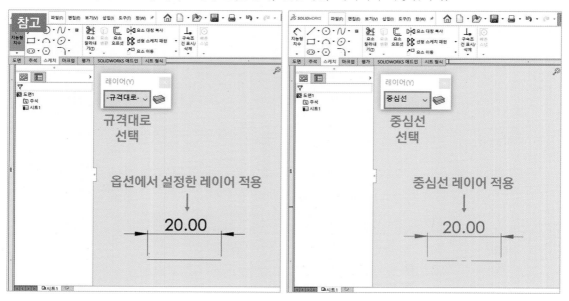

9 「⚙️ 옵션」을 클릭하고 시스템 옵션과 문서 속성을 아래의 표와 같이 설정합니다.

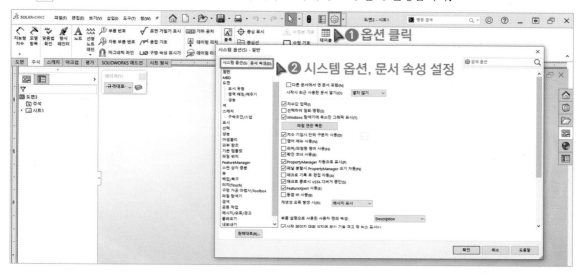

구 분		내 용
	주 석	텍스트 [글꼴(F)] 글꼴 : 굴림, 단위 : 3.5mm
	부품 번호	레이어 : 부품번호
	데이텀	레이어 : 치수선
	기하 공차	레이어 : 치수선
	표면 거칠기	레이어 : 치수선 텍스트 [글꼴(F)] 글꼴 : 굴림, 단위 : 2.5mm
문서 속성	치 수	텍스트 [글꼴(F)] 글꼴 : 굴림, 단위 : 3.5mm 주요 정밀 X.XXX `.01` `.01` [.123] 0 – 소수점 표시(N) 치수 : [삭제] 공차 : [제거] 오프셋 거리 [7mm] [10mm] [공차(T)] 공차 유형 : 좌우 상칭, 글꼴 배율 0.7 공차 유형 : 대칭, 글꼴 배율 0.7 공차 유형 : 없음 선택 후 확인 ☑ 치수 보조선 중앙

구분		내용
문서 속성	**각도**	레이어 : 치수선
	모따기	레이어 : 치수선 모따기 텍스트 형식 ⊙ C1
	지름	레이어 : 치수선 ☑ 제2 바깥쪽 화살표 표시
	선형	레이어 : 치수선
	반경	레이어 : 치수선
	중심선/중심 표시	중심선 레이어 : 중심선 중심 표시 레이어 : 중심선 홈 중심 표시
	테이블	텍스트 글꼴(F) 글꼴 : 굴림, 단위 : 3.5mm
	뷰	텍스트 글꼴(F) 글꼴 : 굴림, 단위 : 5mm
	단면도	선 유형
	도면화	필터표시 ☑ 음영 나사산
	도면 시트	새 시트의 시트 형식 ☑ 다른 시트형식 사용 A3도면양식 시트.slddrt *도면양식 작성 후 설정
	단위	⊙ MMGS (mm, g, s)
시스템 옵션	**도면**	☐ 새 도면뷰 자동 축척 ☐ 치수나 텍스트가 삭제나 편집되었을 경우 간격 줄임 ☑ 삭제된 보조도, 상세도, 단면도의 문자 다시 사용 ☐ 자동 단락 번호 매기기 활성화
	색	색상 개요 설정 비활성 요소 ■ 검은색

10 도면에 반드시 마련해야 하는 양식은 윤곽선, 중심마크, 표제란이 있습니다. 아래를 참고해서 A3용지 크기의 도면양식을 작성합니다.

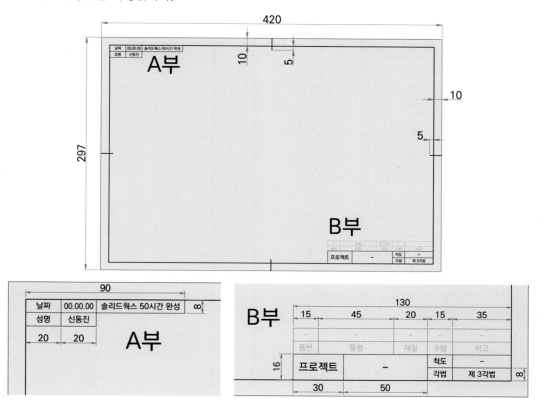

11 「📑 시트」우클릭 후 「📝 시트 형식 편집」을 클릭합니다.

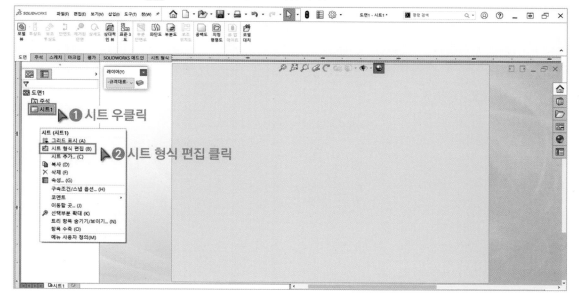

⑫ 「🖼 시트」는 도면(투상도, 치수, 주서 등)을 작성하는 종이입니다. 「🖼 시트 형식」은 도면양식(윤곽선, 중심마크, 표제란)을 작성하는 종이입니다. 시트 형식을 편집할 때 디자인트리에는 「🖼 시트 형식」이 생성되고 우측 상단에는 「🖳 편집 종료」 아이콘이 활성화 됩니다.

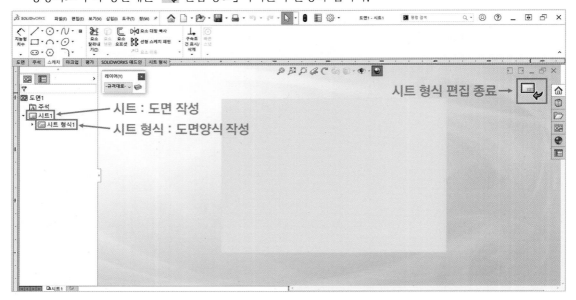

시트 : 도면 작성
시트 형식 : 도면양식 작성

시트 형식 편집 종료 →

⑬ 「▢ 사각형」을 스케치하고 왼쪽 하단의 「⬤ 점」을 클릭합니다. 점의 좌표 값 「X : 0, Y : 0」을 입력하고 「✐ 고정」 구속조건을 클릭해서 점의 위치를 고정시킵니다.

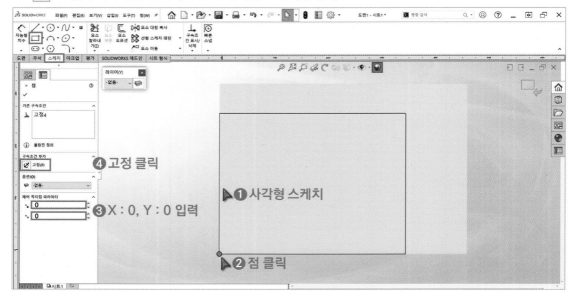

❹ 고정 클릭
❸ X : 0, Y : 0 입력
❶ 사각형 스케치
❷ 점 클릭

14 스케치 도구모음의 선, 사각형, 요소 오프셋, 치수 등을 사용해서「도면양식」을 작성합니다. (참고 : 굵은
선과 큰 치수는 이해를 돕기 위해 연출되었습니다. 실제론 얇은 선과 작은 치수가 생성됩니다.)

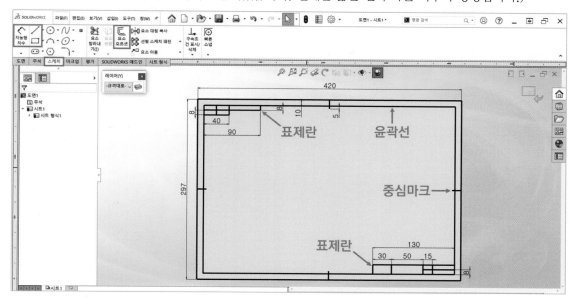

15 주석 도구모음의「A 노트」를 클릭합니다.「⟋ 지시선 없음, ≣ ═ 가운데 맞춤」을 클릭합니다. 문자를
삽입할 임의의 지점을 클릭합니다. 문자 높이를 3.5로 설정하고 문자를 입력합니다.

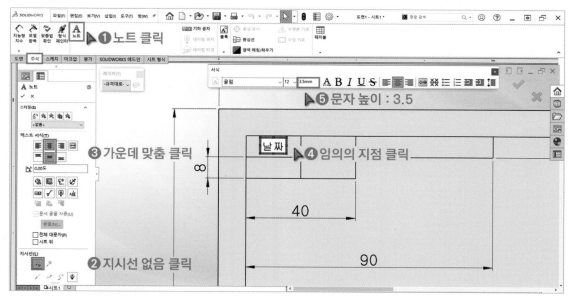

16 A부 표제란의 문자를 입력합니다.

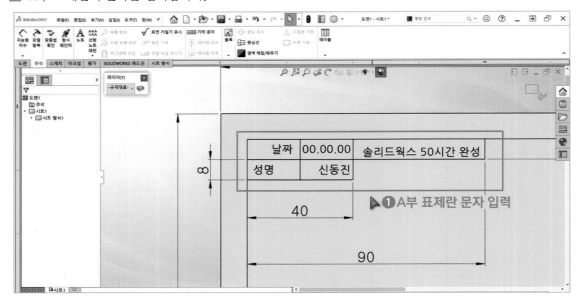

17 문자에서 우클릭 후 「사각형 중심으로 스냅」을 클릭합니다. 그리고 문자를 포함하고 있는 사각형 영역의
선 4개를 클릭하면 문자를 중심으로 위치시킬 수 있습니다. 동일한 방법으로 A부 표제란에 있는 모든
문자를 사각형 중심으로 위치시킵니다.

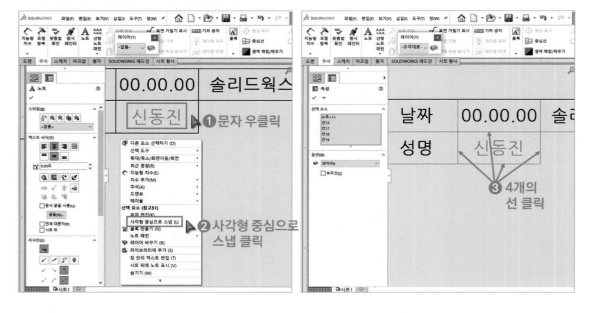

18 B부 표제란을 입력합니다. 왼쪽의 문자는 높이를 5로 설정해서 입력합니다. B부 표제란에 있는 모든 문자를 사각형 중심으로 위치시킵니다.

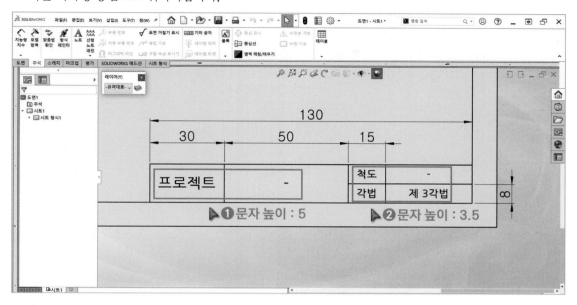

19 완성한 도면양식을 확인합니다. 이상이 없다면 「🖵 편집 종료」를 클릭합니다.

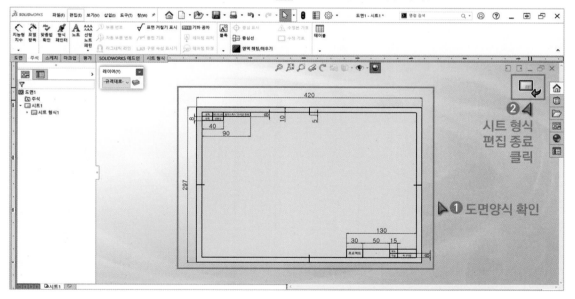

20 도면양식을 제외하고 치수와 바깥의 사각형처럼 불필요한 객체가 남아있는 것을 확인합니다. 불필요한 객체를 숨기기 위해서 「🖊️ 시트 형식 편집」을 클릭합니다.

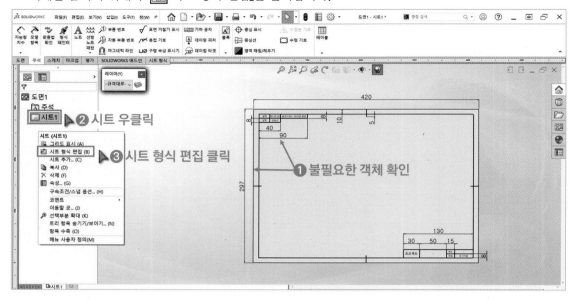

21 Ctrl 키를 누른 상태에서 불필요한 객체를 모두 선택하고 「숨기기」 레이어를 선택합니다. 레이어를 변경함으로써 객체의 색상, 선 종류, 두께 등을 변경할 수 있습니다.

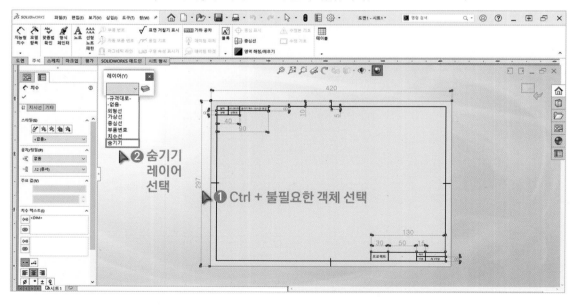

22 「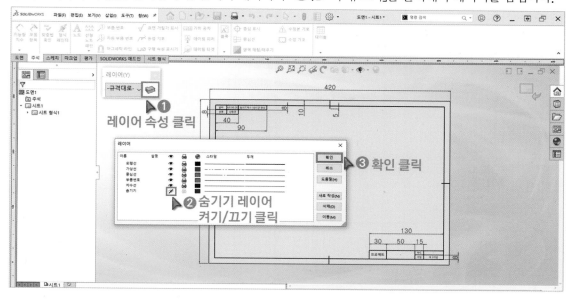 레이어 속성」을 클릭합니다. 숨기기 레이어의 「🔘 ✏️ 켜기/끄기」를 클릭해서 레이어를 숨깁니다.

23 도면양식을 제외한 모든 객체가 숨겨진 것을 확인합니다.

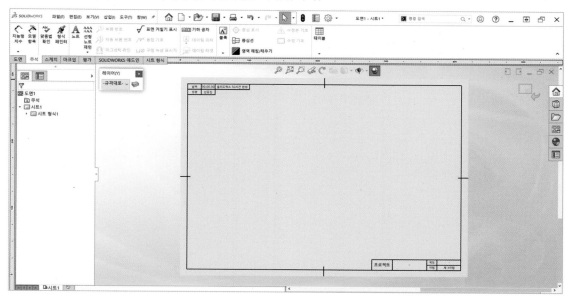

24 시트 형식 도구모음의 「🖋제목블록필드」를 클릭합니다. 점을 드래그해서 제목블록의 영역을 설정합니다.

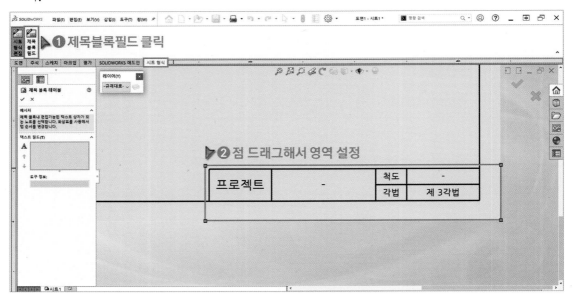

25 표제란의 「—, 00.00.00」 문자를 선택합니다. 「✔ 확인」을 클릭하고 「🖍 편집 종료」를 클릭합니다.

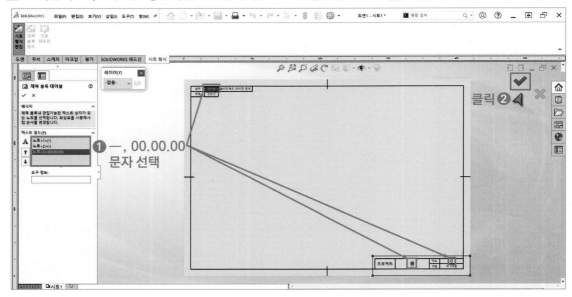

26 마우스 커서를 B부 표제란 근처에 놓으면 제목블록 영역이 활성화되는 것을 볼 수 있습니다. 「⬚⬚⬚ 제목 블록 영역」을 더블 클릭합니다.

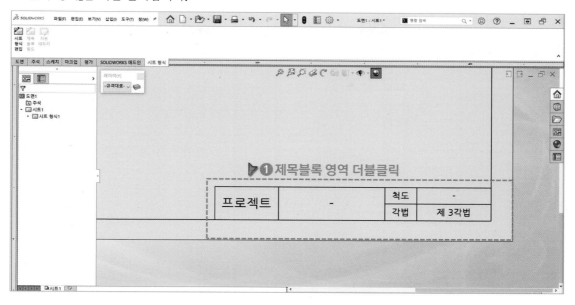

27 제목블록필드에서 선택했던 「—, 00.00.00」 문자가 파란색으로 강조됩니다. 문자를 클릭하면 문자 내용을 수정할 수 있습니다. 이처럼 「🖼️ 제목블록필드」 기능을 사용해서 클릭할 영역을 만들고 자주 수정하는 문자를 선택하면 표제란의 문자를 쉽게 수정할 수 있습니다.

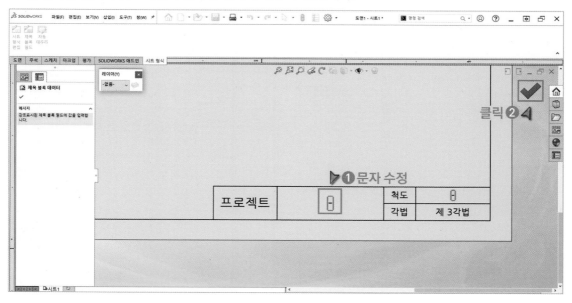

28 파일의 「시트 형식 저장」을 클릭합니다. 「C:₩ProgramData₩SOLIDWORKS₩SOLIDWORKS 20XX₩lang₩korean₩sheetformat」 저장 위치를 선택합니다. 파일명 「A3도면양식 시트」를 입력하고 저장합니다.

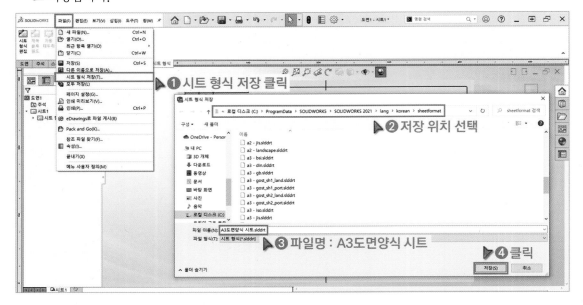

29 「⚙ 옵션」을 클릭해서 문서 속성의 도면시트를 클릭합니다. 「☑ 다른 시트 형식 사용」 체크합니다. 「 찾아보기... 」를 클릭해서 방금 저장했던 「A3도면양식 시트」를 불러옵니다. 이 옵션을 설정하면 「🔲 시트 추가」를 했을 때 「A3도면양식 시트」가 열립니다.

30 지금까지 설정한 것을 템플릿으로 저장하기 위해서 「📑 다른 이름으로 저장」을 클릭합니다. 파일 형식은 「도면 템플릿(*.drwdot)」을 선택하고 파일 이름에 「A3도면양식」을 입력합니다. 「C:₩ ProgramData₩SOLIDWORKS₩SOLIDWORKS 20XX₩templates」 저장 위치를 확인하고 저장합니다.

31 「🗋 새 문서」를 클릭하고 「📑 A3도면양식」 템플릿이 생성된 것을 확인합니다. 이 템플릿을 사용하면 지금까지 설정한 것을 그대로 사용할 수 있어서 효율적으로 작업을 할 수 있습니다.

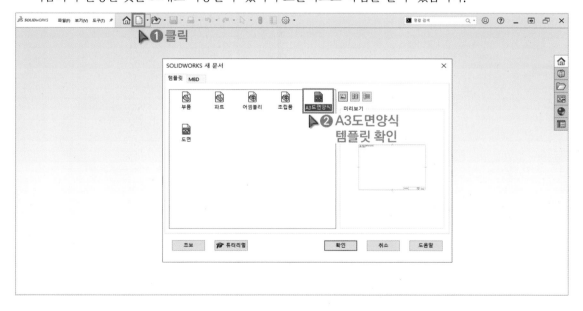

⑩ 속성 탭 빌더, 사용자 정의 속성 〈중요 Point〉 〈실습 Point〉

https://cafe.naver.com/dongjinc/2126

도면에는 상위 부품과의 관계, 품번, 품명, 재질, 수량 비고와 같은 정보를 부품리스트로 표시합니다. 부품
리스트를 스케치 선과 문자를 입력해서 작성하는 것은 비효율적인 작업이 될 수 있습니다.

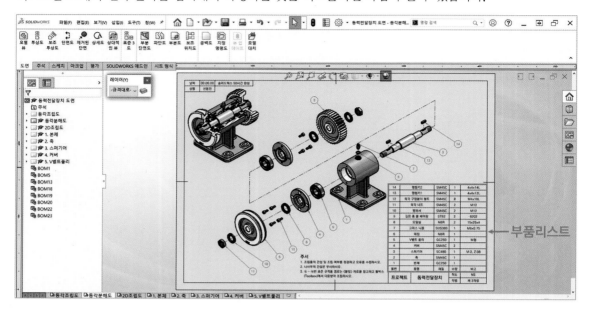

속성 탭 빌더 기능으로 부품리스트의 항목(품명, 재질, 비고 등)을 설정해 놓고 부품(SLDPRT) 파일을 실행
해서 항목에 대한 정보를 사용자 정의 속성에 입력하면 도면에서 부품리스트를 쉽게 생성할 수 있습니다.

1 「🏠 SOLIDWORKS 리소스」를 클릭합니다. 「🗂 속성 탭 빌더」를 클릭합니다.(윈도우 시작 메뉴의
SOLIDWORKS 도구에서 속성 탭 빌더를 실행할 수도 있습니다.)

2 「텍스트상자」를 그룹상자로 드래그 앤 드롭합니다. 캡션과 이름에 부품리스트 항목인 「품명」을 입력합니
다. 유형은 「텍스트」를 선택하고 「🗂 사용자정의 탭에 표시」를 클릭합니다.

3 동일한 방법으로 그룹상자에 「품명, 재질, 비고」 항목을 생성합니다.

4 속성 탭 빌더에서 설정한 것을 템플릿으로 저장하기 위해서 「💾 저장」을 클릭합니다. 파일 형식은 「파트 속성 템플릿(*.prtprp)」을 선택하고 파일 이름에 「속성탭빌더 템플릿」을 입력합니다. 「C:₩ProgramData₩SOLIDWORKS₩SOLIDWORKS 20XX₩lang₩korean」저장 위치를 선택하고 저장합니다.

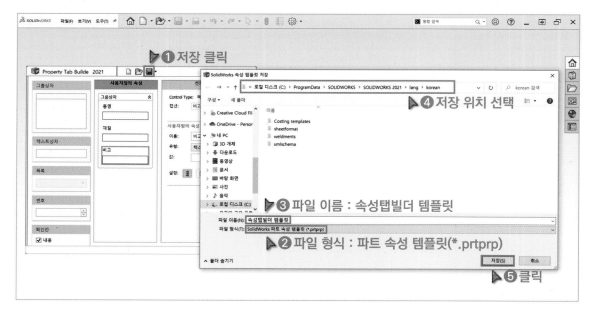

5 「연습도면1. 경첩」 폴더에서 「 🛠 1. 경첩」 파일을 더블 클릭해서 실행합니다.

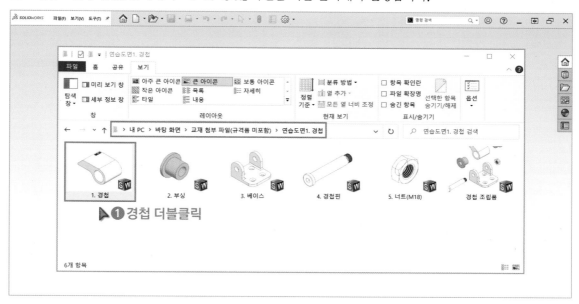

6 「 📋 사용자 정의 속성」을 클릭합니다. 「 ⚙ 템플릿 옵션」을 클릭하고 「속성탭빌더 템플릿.prtprp」 파일
이 사용되고 있는지 확인합니다.

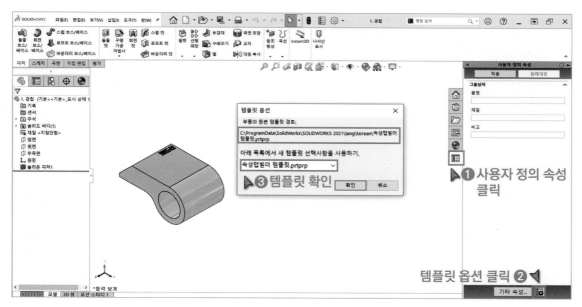

7 연습도면을 참고해서 사용자 정의 속성에 부품리스트 정보를 입력합니다.

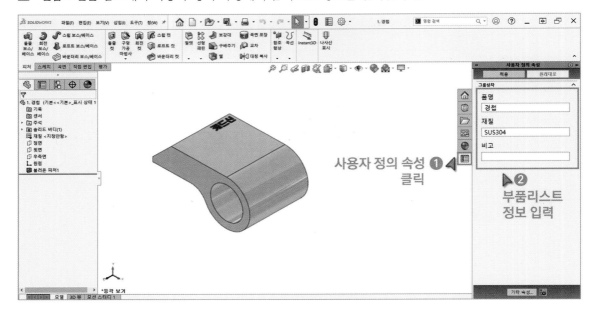

8 동일한 방법으로 나머지 부품의 정보도 입력합니다. 이렇게 사용자 정의 속성에 입력된 정보는 도면에서 부품리스트(BOM)로 불러올 수 있습니다.

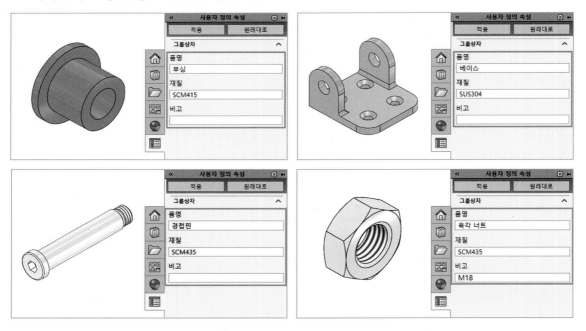

11 조립도, 분해도 작성 프로세스 중요 Point 실습 Point

조립도는 기계장치의 모든 부품이 조립되어 있는 도면이고, 분해도는 모든 부품이 분해되어 있는 도면입니다. 조립도, 분해도를 통해서 기계장치의 기능과 특징을 알 수 있으며 부품의 조립 · 분해 관계도 파악할 수 있습니다. 필요에 따라 조립도에 치수를 기입하거나 움직이는 부분의 동작범위를 나타내기도 합니다.

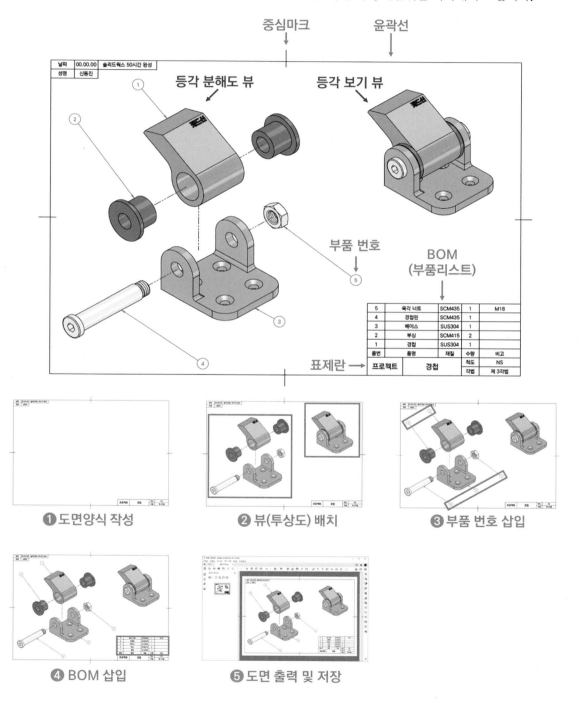

● 도면양식 작성

❷ 뷰(투상도) 배치

❸ 부품 번호 삽입

❹ BOM 삽입

❺ 도면 출력 및 저장

12 도면양식 수정 [실습 Point]

https://cafe.naver.com/dongjinc/2127

사전에 작성했던 도면양식 템플릿을 사용하면 작업 시간을 단축시킬 수 있습니다. 도면 시트의 크기와 표제란의 정보를 수정하면 조립도와 분해도에 필요한 도면양식으로 사용할 수 있습니다.

1 「새 문서」를 클릭하고 「A3도면양식」을 더블 클릭합니다.

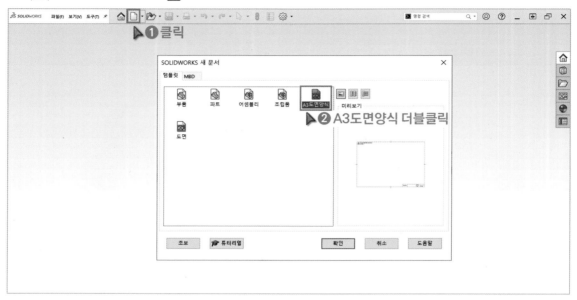

2 마우스 커서를 B부 표제란 근처에 놓은 후 「제목블록 영역」을 더블 클릭합니다.

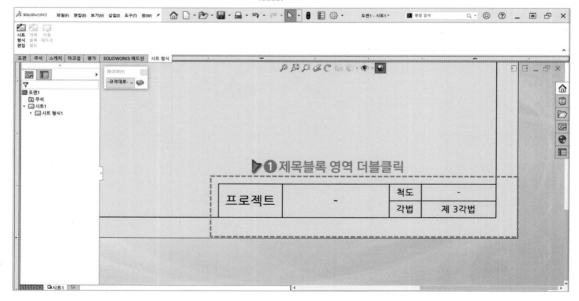

3 파란 영역의 문자를 클릭하고 「연습도면1. 경첩」의 표제란을 참고해서 도면의 정보를 입력합니다. 프로젝트에는 프로젝트명이나 기계장치의 이름을 입력합니다. 등각 조립도와 등각 분해도는 척도를 고려하지 않고 제품의 형상이 잘 보이도록 적절하게 투상도의 크기를 정하기 때문에 척도를 「NS」로 입력합니다.

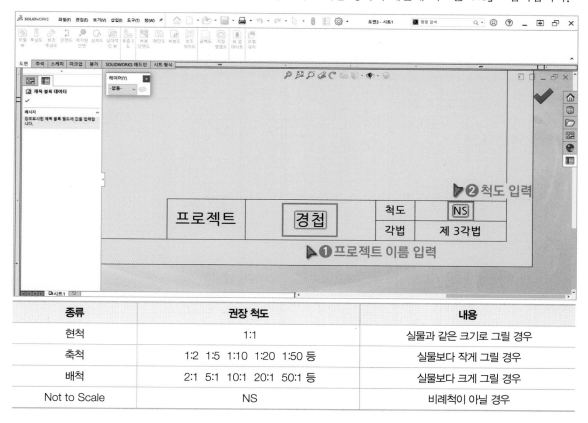

종류	권장 척도	내용
현척	1:1	실물과 같은 크기로 그릴 경우
축척	1:2 1:5 1:10 1:20 1:50 등	실물보다 작게 그릴 경우
배척	2:1 5:1 10:1 20:1 50:1 등	실물보다 크게 그릴 경우
Not to Scale	NS	비례척이 아닐 경우

4 A부 표제란에 도면 작성 날짜를 입력하고 「✔ 확인」을 클릭합니다.

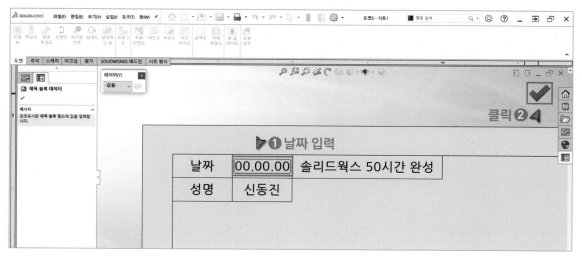

⑬ 뷰(투상도) 배치 중요 Point 실습 Point

1 「🖼️ 시트」 우클릭 후 「📋 속성」을 클릭합니다. 시트 속성이 「배율 1 : 1, 제3각법, 가로420, 세로 297」로 설정되어 있는지 확인합니다.

2 투상도를 작성하는 방법은 제1각법과 제3각법이 있습니다. 한국산업표준에서는 제3각법을 사용해서 투상도를 작성하는 것을 원칙으로 하고 있습니다. 제3각법은 물체를 보았을 때의 모습 그대로를 도면에 나타내기 때문에 그리기 쉽고 비교, 대조하기 쉬우며 치수 기입이 용이합니다.

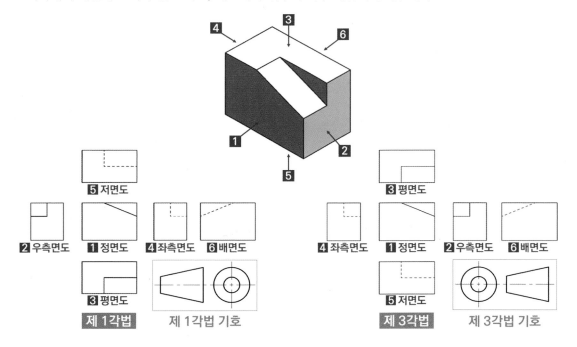

3 「⊞ 뷰 팔레트」를 클릭하고 「 … 찾기」를 클릭합니다. 「연습도면1. 경첩」 폴더에서 「경첩 조립품.SLDASM」 파일을 엽니다.

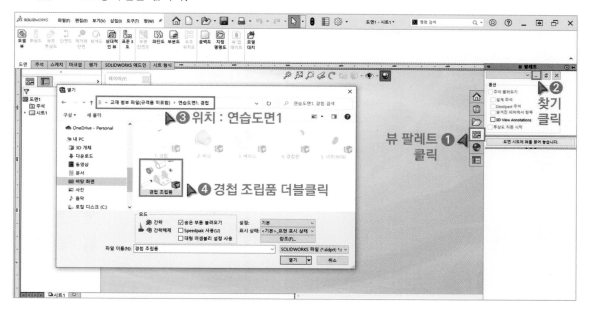

4 「규격대로」 레이어를 선택하고 뷰 팔레트의 「등각 분해도」 뷰를 시트로 드래그 앤 드롭합니다. 조립품 (SLDASM)에서 생성했던 「분해도1(분해됨) ∨」 분해도가 표시되고 있는 것을 확인합니다. 「⬚ 모서리 표시 음영」을 선택해서 형상의 색상과 모서리선이 표시되도록 합니다. 「사용자 정의 배율 1 : 1.3」을 입력해서 뷰의 크기를 적절하게 조절합니다.

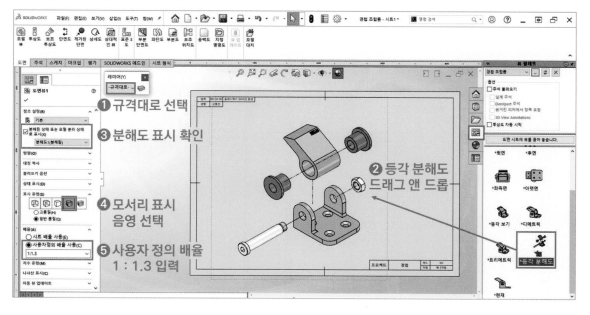

5 디자인트리에 「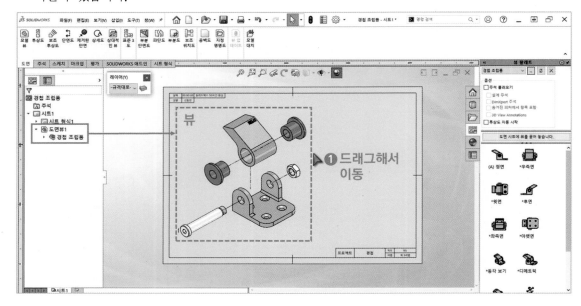 도면뷰」가 생성되었으며 「🔷 경첩 조립품」이 종속된 것을 확인할 수 있습니다. 만약 조립품의 형태가 변하면 뷰의 형태도 변하게 됩니다. 뷰의 부품 또는 빨간 점선을 드래그하면 뷰를 이동시킬 수 있습니다.

6 뷰 팔레트의 「등각 보기」 뷰를 ⌈Ctrl⌉ 키를 누른 상태로 드래그 앤 드롭합니다. 뷰를 추가로 배치하면 다른 뷰와 수직 또는 수평으로 위치가 구속됩니다. ⌈Ctrl⌉ 키를 누른 상태로 드래그 앤 드롭하면 원하는 위치에 뷰를 배치할 수 있습니다. 만약 추가한 뷰의 위치가 구속됐다면 뷰 우클릭 후 정렬의 배열분리를 클릭하면 됩니다. 「🔷 모서리 표시 음영」을 선택하고 「사용자 정의 배율 1 : 1.4」를 입력해서 뷰의 크기를 적절하게 조절합니다.

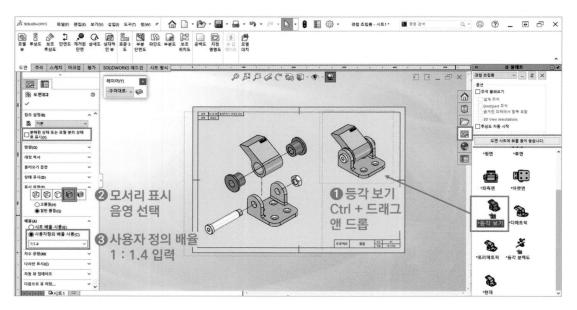

분해 지시선은 조립품(SLDASM) 또는 도면(SLDDRW)에서 생성할 수 있습니다. 조립품(SLDASM)에서 생성한 분해 지시선은 레이어를 변경할 수 없으며 수정을 하려면 조립품을 열어서 수정을 해야 합니다. 도면 (SLDDRW)에서 생성한 분해 지시선은 레이어를 변경할 수 있으며 도면상에서 쉽게 수정할 수 있습니다.

1 조립품(SLDASM)에서 생성한 분해 지시선을 삭제하기 위해서 뷰를 클릭하고 「📂 어셈블리 열기」를 클릭합니다.

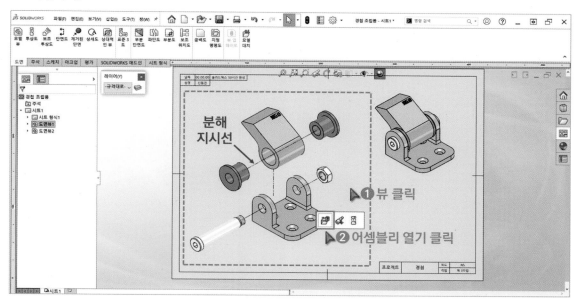

2 「📑 설정」을 클릭합니다. 「⚙ 3D 분해」를 삭제하고 조립품을 닫습니다.

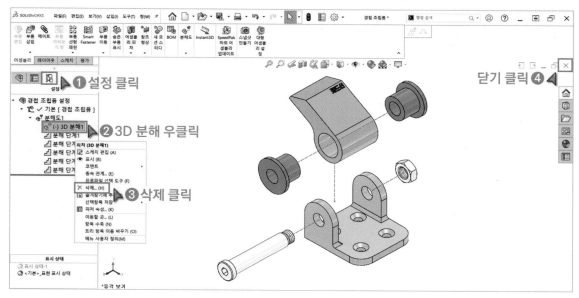

3 분해 지시선을 생성하기 위해서 스케치 도구모음의 「 / 선」을 클릭합니다. 마우스를 「시트」에 위치시키면 □ 선홍색으로 시트가 활성화됩니다. 이때 스케치를 할 경우 스케치는 시트에 종속되어 뷰에 관련된 작업은 할 수가 없습니다.

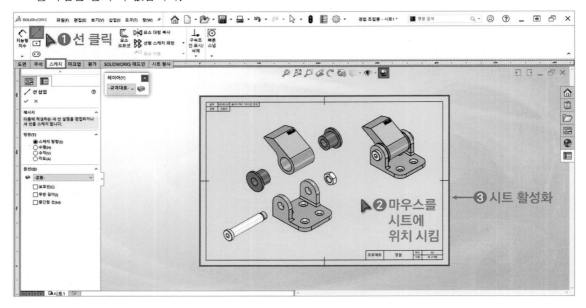

4 마우스를 「뷰」에 위치시키면 ⌐ ¬ 선홍색으로 뷰가 활성화됩니다. 이때 스케치를 할 경우 스케치는 뷰에 종속되어 부분단면도, 분해 지시선 등 뷰에 관련된 작업을 할 수 있습니다.

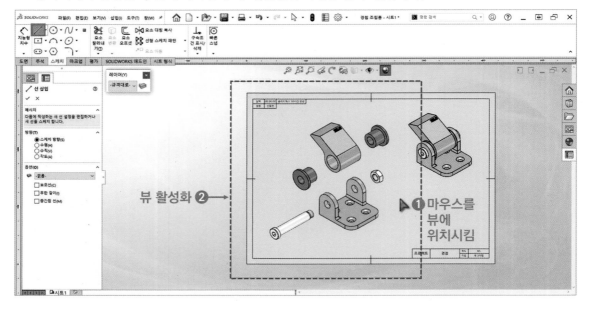

5 마우스를 뷰에 위치시키고 뷰가 활성화되는 것을 확인합니다. 레이어를 「가상선」으로 변경합니다. 부품
과 부품사이에 「 ╱ 선」을 스케치해서 분해 지시선을 생성합니다.

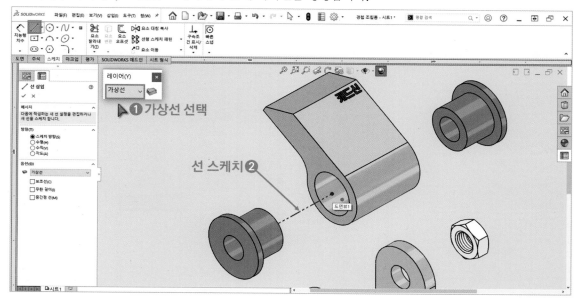

6 동일한 방법으로 5개의 선을 스케치합니다. 이 도면을 보는 사람이 분해 지시선을 보고 조립 · 분해 경
로를 이해할 수 있도록 선의 크기와 위치를 적절하게 스케치하면 됩니다.

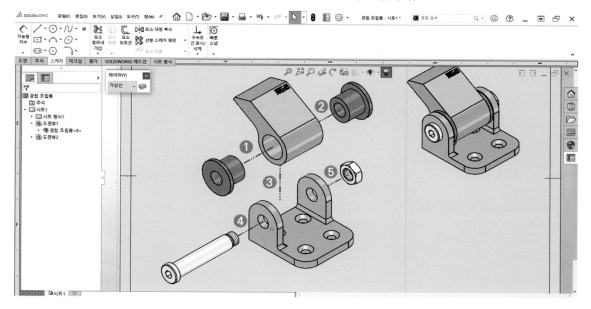

부품 번호는 조립품을 구성하고 있는 모든 부품에 부여하는 고유의 식별 번호입니다. 부품 번호와 부품리스트의 품번이 동일해야 하지만 부품에 대한 품명, 재질, 수량 등의 정보를 정확하게 파악할 수 있습니다.

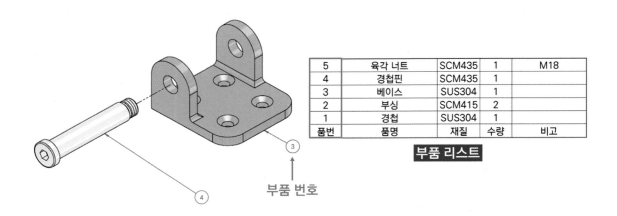

5	육각 너트	SCM435	1	M18
4	경첩핀	SCM435	1	
3	베이스	SUS304	1	
2	부싱	SCM415	2	
1	경첩	SUS304	1	
품번	품명	재질	수량	비고

부품 리스트

부품 번호

1 주석 도구모음의 「① 부품 번호」를 클릭합니다. 레이어를 「규격대로」로 선택하면 옵션에서 설정한 레이어가 적용됩니다. 설정에서 「원형, 2글자, 품번」을 선택합니다. 부품을 클릭한 후 임의의 지점을 클릭해서 부품 번호를 삽입합니다.

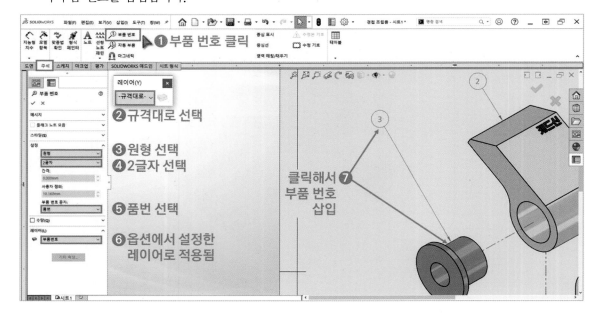

2 모든 부품에 부품 번호를 삽입합니다. 「🔩 부싱」처럼 2개 이상의 동일한 부품은 부품 번호가 중복되지 않도록 하나만 삽입합니다. 번호는 조립품(SLDASM)을 생성했을 때 부품을 추가한 순서대로 결정됩니다.

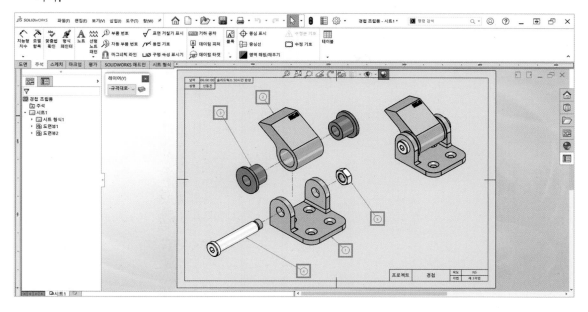

3 주석 도구모음의 「🧲 마그네틱 라인」을 클릭합니다. 간격은 「균등」을 선택합니다. 선을 스케치하듯 마그네틱 라인을 스케치합니다. 마그네틱 라인의 길이에 따라 부품 번호의 간격이 균등하게 배치됩니다. 마그네틱 라인의 삼각형을 드래그하면 라인의 길이를 조절할 수 있고 라인을 드래그하면 위치를 이동시킬 수 있습니다.

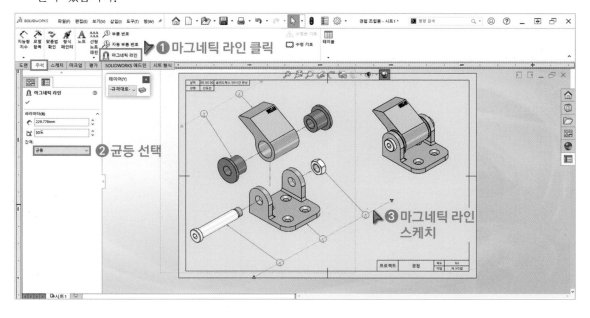

16 BOM(부품 리스트) 삽입 중요 Point 실습 Point

1 주석 도구모음의 「🗐 BOM」을 클릭합니다. 부품 번호가 있는 「뷰」를 클릭합니다. 유형은 「파트만」을 클릭하고 「🔒□ 품번 변경 안 함」 옵션을 해제합니다.

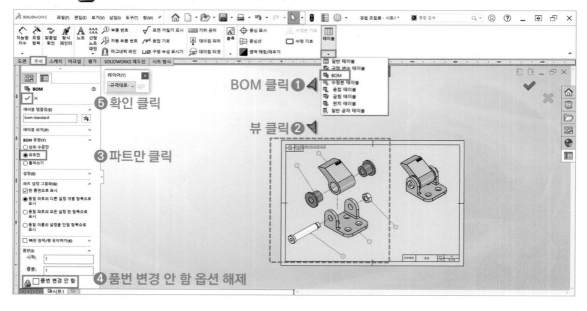

2 임의의 지점을 클릭해서 BOM을 삽입합니다. 디자인트리에 BOM이 생성된 것을 확인합니다. 방금 삽입한 BOM과 연습도면의 부품리스트의 형태가 다른 것을 볼 수 있습니다. 도면을 균일화시키기 위해서 BOM의 형태를 수정해야 합니다.

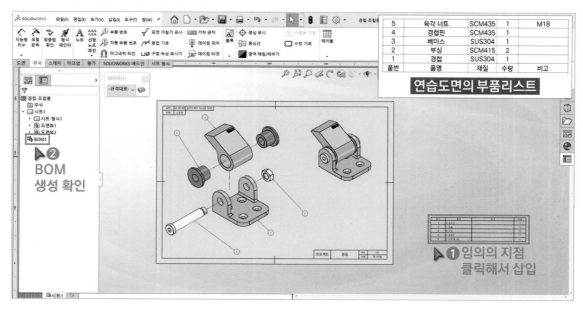

5	육각 너트	SCM435	1	M18
4	경첩핀	SCM435	1	
3	베이스	SUS304	1	
2	부싱	SCM415	2	
1	경첩	SUS304	1	
품번	품명	재질	수량	비고

연습도면의 부품리스트

3 BOM 왼쪽의 「▢ 파란 셀」을 드래그해서 행의 순서를 변경합니다. 행의 순서가 변경되면 뷰의 부품 번호도 변경됩니다. 품번과 품명의 번호가 일치하도록 행의 순서를 변경합니다.

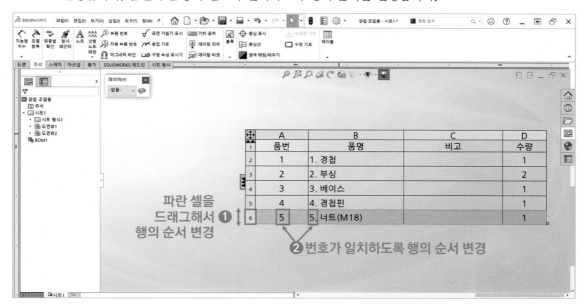

4 BOM 위쪽의 「▢ 파란 셀」을 더블 클릭합니다. 「사용자 정의 속성」과 「품명」을 선택합니다. BOM에는 사용자 정의 속성에 입력했던 정보가 표시됩니다.

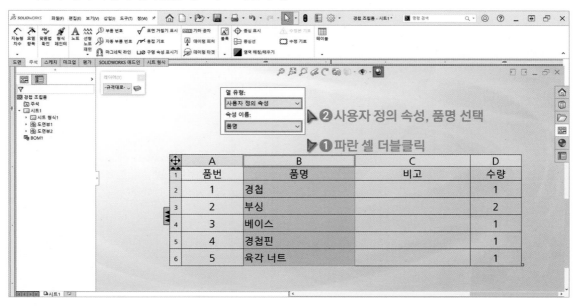

5 셀 우클릭 후 삽입의 「열 오른쪽」을 클릭해서 열을 추가합니다.

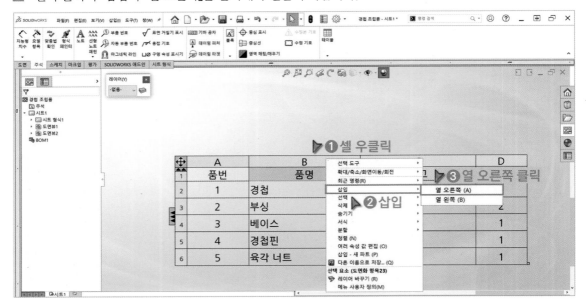

6 BOM 위쪽의 「███ 파란 셀」을 더블 클릭합니다. 「사용자 정의 속성」과 「재질」을 선택합니다.

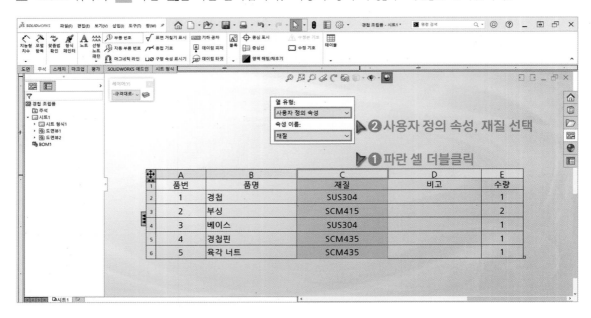

7 「 파란 셀」을 더블 클릭합니다. 「사용자 정의 속성」과 「비고」를 선택합니다.

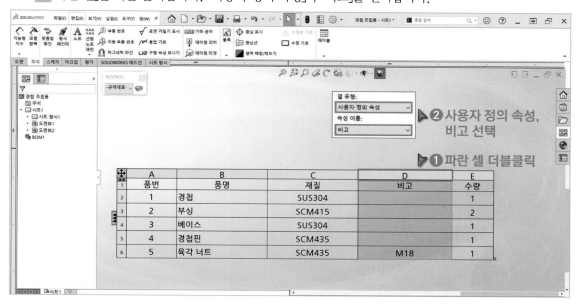

8 「 파란 셀」을 드래그해서 열의 순서를 「품번 → 품명 → 재질 → 수량 → 비고」 순으로 변경합니다.

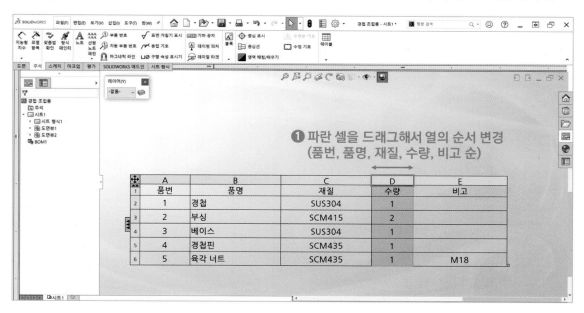

9 「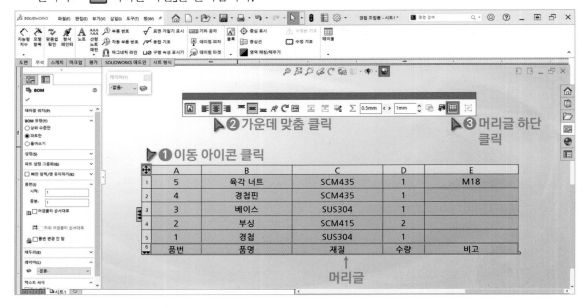 이동」 아이콘을 클릭하면 전체 셀이 선택됩니다. 「☰ 가운데 맞춤」을 클릭해서 문자를 가운데로 정렬시키고 「▦ 머리글 하단」을 클릭합니다.

10 「⊕ 이동」 아이콘을 우클릭합니다. 서식의 「행 높이」를 클릭합니다.

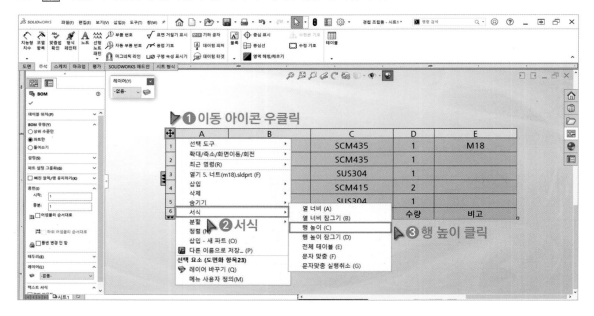

11 B부 표제란 크기에 맞춰 「행 높이 : 8」을 입력합니다.

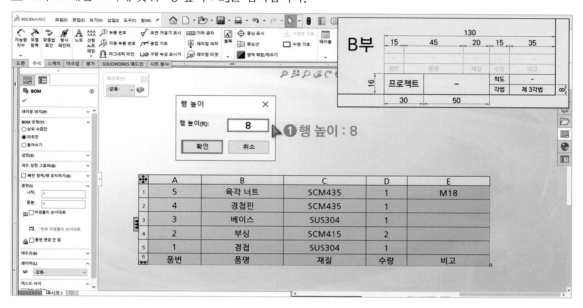

12 셀 우클릭 후 서식의 「열 너비」를 클릭합니다.

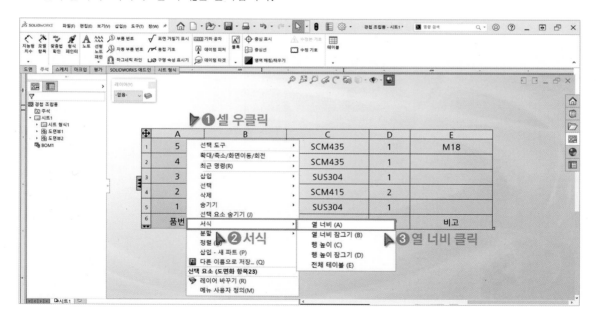

13 B부 표제란 크기에 맞춰「품번 열 너비 : 15」를 입력합니다. 동일한 방법으로 품명, 재질, 수량, 비고의 열 너비도 수정합니다.

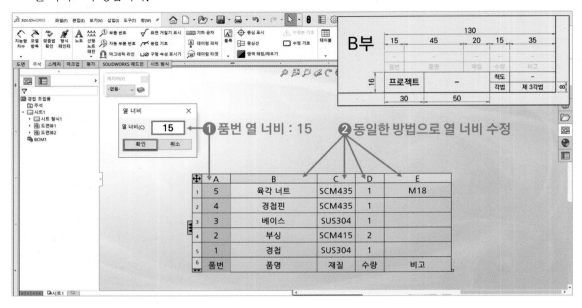

14 BOM 수정이 끝났습니다. BOM을 템플릿으로 저장하기 위해서「🔀 이동」아이콘을 우클릭하고「🗃️ 다른 이름으로 저장」을 클릭합니다.

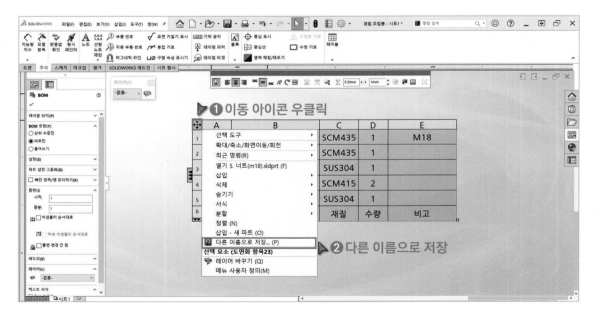

15 「C:₩ProgramData₩SOLIDWORKS₩SOLIDWORKS 20XX₩templates」 저장 위치를 선택합니다. 파일명 「BOM 템플릿」을 입력하고 저장합니다.

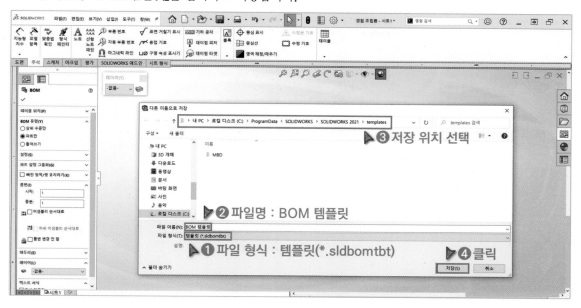

16 주석 도구모음의 「📑 BOM」을 클릭합니다. 부품 번호가 있는 「뷰」를 클릭합니다. 테이블 템플릿에 방금 저장했던 「BOM 템플릿」이 자동으로 선택된 것을 확인할 수 있습니다. 만약 템플릿이 자동으로 선택되지 않는다면 「⭐ 템플릿 열기」를 클릭해서 저장한 템플릿을 열면 됩니다.

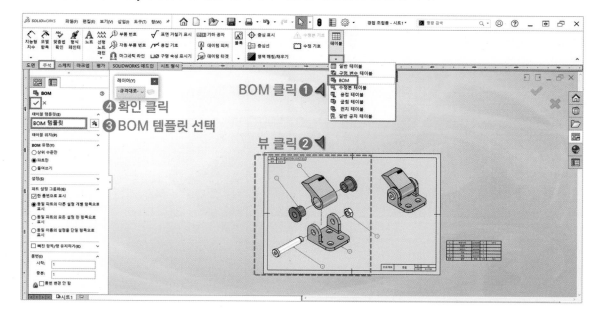

17 BOM을 우측하단에 삽입합니다. 뷰의 부품 번호와 BOM의 품번을 비교 · 검토합니다. 뷰와 BOM의 번호가 서로 다를 경우 도면을 해독하기 어렵습니다.

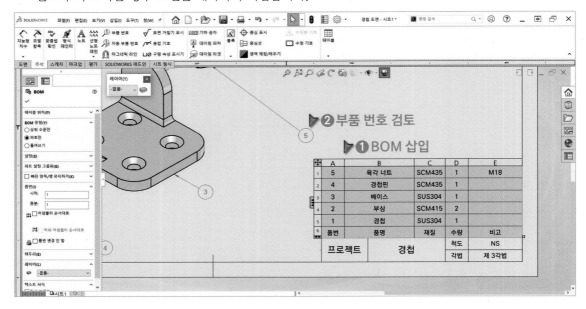

18 등각 조립도, 분해도를 완성했습니다. 디자인트리의 구성을 확인하고 도면의 뷰, 레이어, 분해지시선, 부품번호, BOM 등을 검토합니다. 이상이 없다면 「🖫 저장」을 클릭합니다. 「연습도면1. 경첩」 폴더에 도면을 저장합니다.

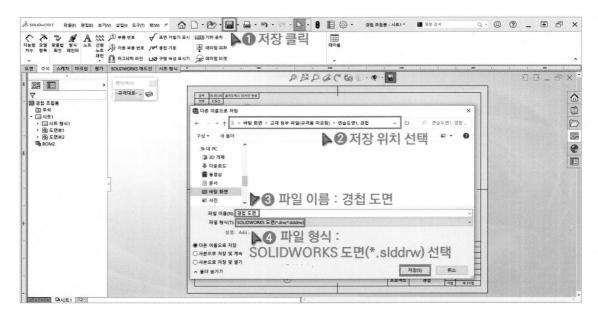

17 도면 출력 실습 Point

1 「🖨 인쇄」를 클릭합니다. 프린터를 선택하고 「페이지 설정」을 클릭합니다. 「용지에 맞춤」을 선택하면 용지 크기 「A4」에 맞게 도면이 확대 또는 축소되어 출력됩니다. 「컬러/회색조」를 선택하면 도면의 색상과 동일하게 출력됩니다.

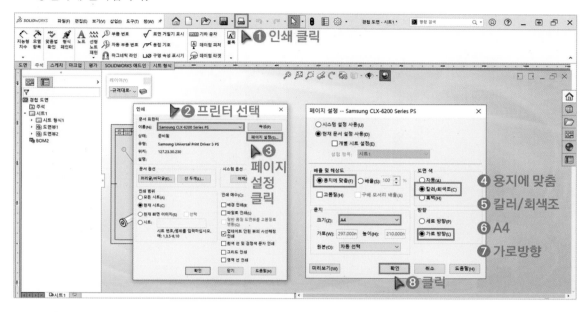

2 「미리보기」를 클릭합니다.

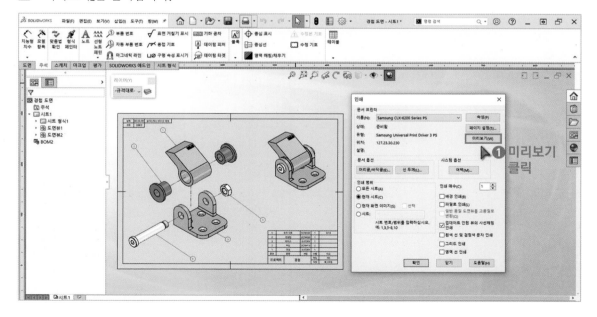

3 출력할 도면을 검토하고 이상이 없다면「인쇄」를 클릭합니다.

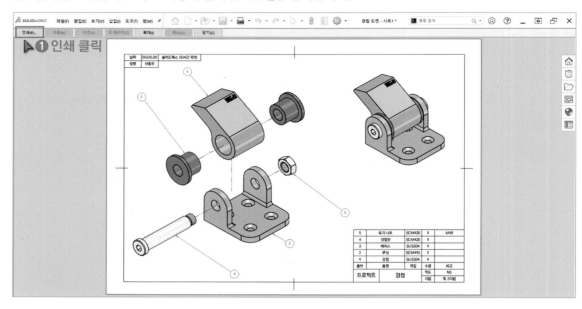

4 도면을 PDF 파일로 저장하기 위해서「 다른 이름으로 저장」을 클릭합니다.「Adobe (*.pdf)」파일 형식을 선택하고「옵션」을 클릭합니다.

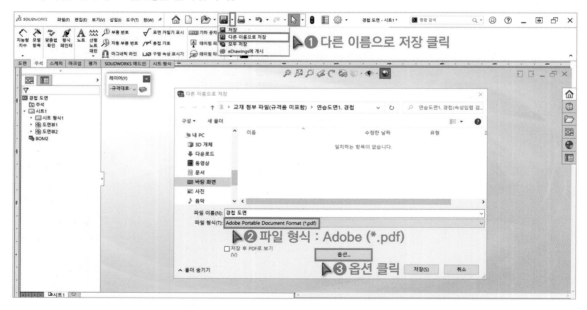

5 「600 DPI」를 선택합니다. DPI 값이 높을수록 PDF의 품질은 높아집니다.

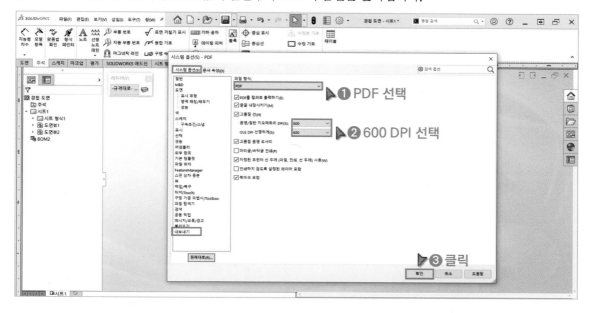

6 저장 위치를 확인합니다. 「☑ 저장 후 PDF로 보기」옵션을 체크하고 저장합니다.

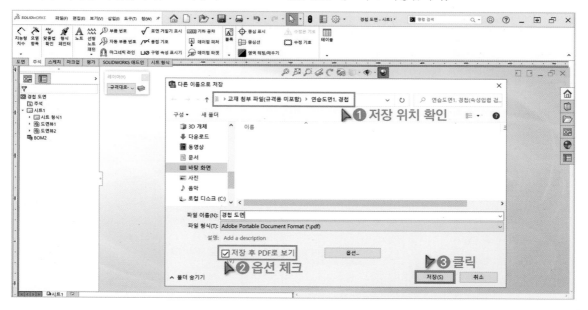

7 저장한 PDF 파일을 확인합니다.

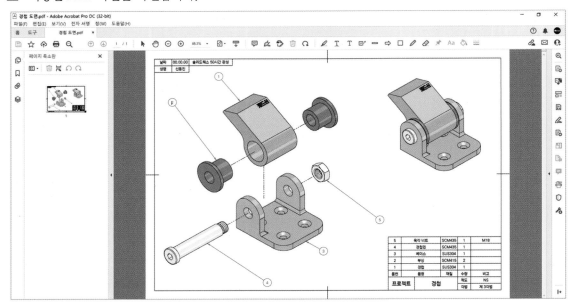

8 [참고] 도면을 PDF 파일로 저장할 때 아래와 같이 오류가 발생한다면 PDF 파일이 저장되지 않습니다. 비영어권의 문자(한글)가 도면에 포함되어 있을 경우「Arial Unicode MS」글꼴이 설치되어 있어야지만 PDF 파일로 저장할 수 있습니다. 해당 글꼴이 설치되어 있지 않아 오류가 발생한다면 아래 링크를 참고해서 글꼴을 설치하세요.

* 글꼴 다운로드 : https://cafe.naver.com/dongjinc/2692

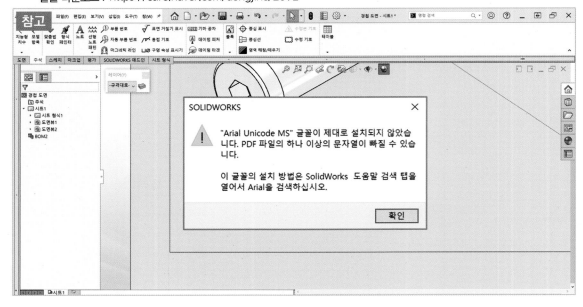

부품도 작성

학습목표 · KS 및 ISO 국내외 규격 또는 사내 규정에 맞는 2D 도면 유형을 설정하여 투상 및 치수 등 관련정보를 생성할 수 있다.
· 도면에 대상물의 치수에 관련된 공차를 표현할 수 있다.
· 대상물의 모양, 자세, 위치 및 흔들림에 관한 기하공차를 도면에 표현할 수 있다.
· 대상물의 표면거칠기를 고려하여 다듬질공차 기호를 표현할 수 있다.

1 부품도 작성 프로세스 중요 Point

https://cafe.naver.com/dongjinc/2129

부품도는 기계를 구성하는 부품을 제작하기 위해서 제작에 관련된 다양한 정보(형상, 치수, 공차, 가공법 등)를 상세하게 나타낸 도면입니다. 부품도를 작성하기 위해서는 CAD프로그램 운용, 기계제도, 정투상법, 단면도법, 일반허용차, 끼워맞춤공차, 기하공차, 표면거칠기, 재료선정, 기계요소설계, KS규격 등 관련 지식이 필요합니다. 본 단원에서는 CAD프로그램을 운용해서 부품도를 작성하는 방법에 대해서 알아보겠습니다.

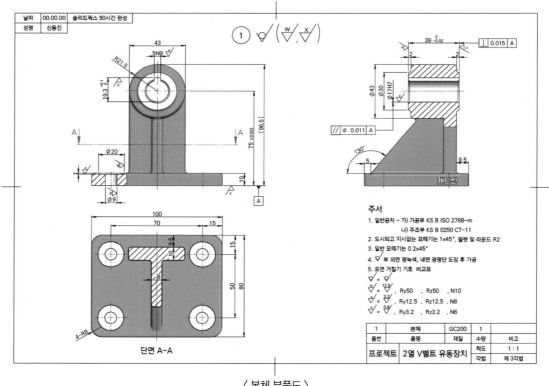

〈 본체 부품도 〉

구분	표준번호	표준명	구분	표준번호	표준명
공통	KS B 0001	기계제도	투상도	KS A ISO 5465-1	투상법-개요
	KS A 0005	제도-통칙		KS A ISO 5465-2	투상법-직각 투상 표시
	KS A ISO 128-1	제도-표현의 일반원칙		KS A ISO 128-30	투상도에 대한 기본 규정
	KS A ISO 128-2	선에 대한 기본 규칙		KS A ISO 128-34	기계제도에서의 투상도
	KS B ISO 5457	도면의 크기 및 양식		KS A ISO 128-40	절단과 단면에 대한 기본 규정
	KS A ISO 5455	척도		KS A ISO 128-44	기계제도에서의 단면도
	KS A ISO 7200	표제란의 정보 구역과 표제		KS A ISO 128-50	절단 및 단면도 도시에 대한 기본 규정
	KS B ISO3098-2	로마자, 숫자 및 표시		KS B 0201	미터 보통 나사
	KS A ISO 10209	제도, 제품 정의 및 관련 문서에 관한 용어		KS B 0204	미터 가는 나사
치수 및 공차	KS B ISO 129-1	치수 및 공차의 표시-일반원칙		KS B ISO 646-1	나사 및 나사부품-일반 규정
	KS B ISO 2768-1	일반 공차-개별 공차 지시가 없는 선 치수와 각도 치수에 대한 공차		KS B ISO 646-3	나사 및 나사부품-간략 표시
	KS B ISO 2768-2	일반 공차-개별 공차 지시가 없는 형체에 대한 기하공차		KS B 0231	나사 끝의 모양, 치수
	KS B 0401	치수공차의 한계 및 끼워 맞춤		KS B 0246	나사 부품 각 부의 치수의 호칭 및 기호
	KS B ISO 286-1	공차, 편차 및 끼워맞춤의 기본		KS B 0002	기어의 표시
	KS B ISO 286-2	구멍과 축에 대한 기준 공차 등급 및 한계 편차표		KS B ISO 2203	기어의 일반적 표시
표면 거칠기	KS A ISO 1302	제품의 기술 문서에서 표면의 결에 대한 지시		KS B 0004-1	구름베어링-일반간략표시
	KS B ISO 4288	표면 결의 평가규칙 및 절차		KS B 0004-2	구름베어링-상세간략표시
기하 공차	KS A ISO 1101	기하 공차-형상, 자세, 위치 및 흔들림 공차		KS B 0005	스프링의 표시
	KS A ISO 7083	기하 공차 기호-비율과 크기 치수		KS B 0052	용접 기호
	KS B ISO 5459	제품의 형상 명세-기하공차 표시		KS B 0410	센터구멍

〈 주요 KS 규격 – standard.go.kr 〉

1 윤곽선, 중심마크, 표제란을 포함한 도면양식을 작성합니다.

2 부품의 형상 및 특징을 가장 잘 표현하는 방향을 정면도로 선정합니다. 부품의 형상을 알아볼 수 있으며 크기를 나타내는 치수를 모두 표현할 수 있는 범위 내에서 꼭 필요한 투상도만 배치합니다.

❶ 도면양식 작성

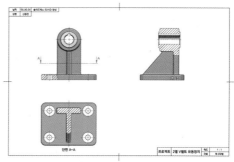

❷ 투상도(뷰) 배치

3 부품의 기능, 제작, 조립 등을 고려하여 치수가 중복되지 않도록 크기치수와 위치치수를 기입합니다.

4 부품의 조립 관계를 파악해서 외형선이나 치수보조선에 표면거칠기 기호를 기입합니다.

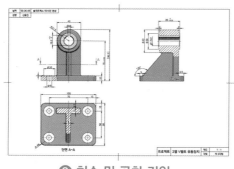

❸ 치수 및 공차 기입

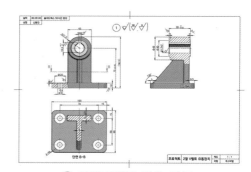

❹ 표면거칠기 기호 기입

5 부품의 조립 관계를 파악해서 기하학적인 형상의 규제가 필요한 곳에 기하공차를 기입합니다.

6 주서와 부품리스트를 기입합니다. 주서는 정보를 명확하고 쉽게 전달하기 위해서 항목별로 간결하게 작성하며 전문용어는 한국산업표준에 규정된 용어 및 과학기술처 등의 학술용어를 사용합니다.

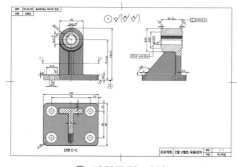

❺ 기하공차 기입

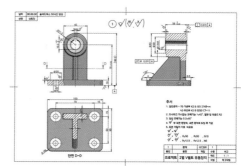

❻ 주서 기입

2 뷰의 종류 중요Point 실습Point

모델뷰　　　단면도　　　부분 단면도　　　등각 단면도　　　상세도　　　부분도

1 「새 문서」를 클릭하고 「A3도면양식」을 실행합니다.

2 「연습도면8. 동력전달장치」 폴더에서 「1. 본체」 파일을 더블 클릭합니다.

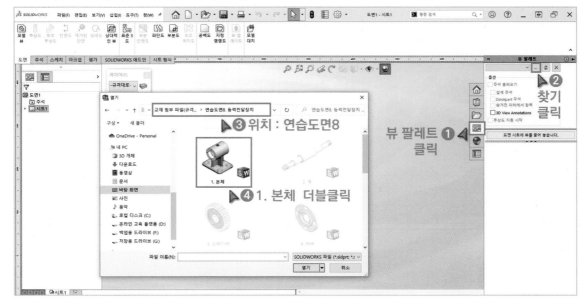

3 뷰 팔레트의「정면」을 시트로 드래그 앤 드롭 합니다.「🗔 모서리 표시 음영」을 선택하고「사용자 정의 배율 1 : 1」을 입력합니다.

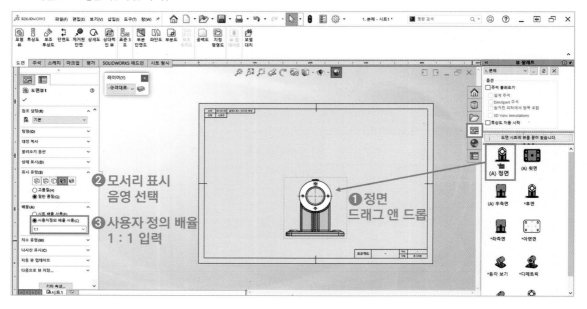

4 (참고)「뷰 작성 시 자동 삽입」옵션이 체크되어 있을 경우 뷰를 배치할 때 중심선과 같은 객체가 자동으로 삽입됩니다.

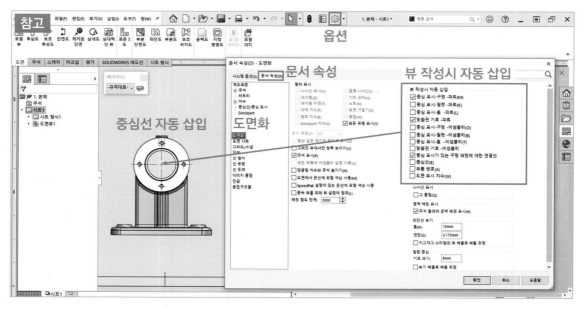

5 점선 형태의 나사산을 우클릭하고 「 🖐 숨기기」를 클릭합니다. 불필요한 선은 숨기는 것이 좋습니다.
(숨긴 객체 다시 보이기 : 보기 → 숨기기/보이기 → 주석 → 객체 클릭)

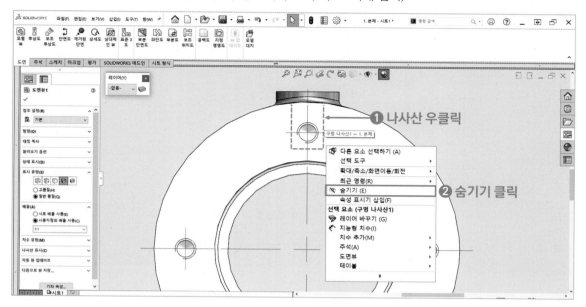

6 뷰를 우클릭하고 「접선 숨기기」를 클릭합니다. 등각 분해도와 등각 조립도는 부품의 형상이 잘 보이도록 접선을 표시하는 것이 좋습니다. 하지만 부품도는 중심선, 치수선, 치수보조선 등 수많은 선들이 표시 되는데 접선까지 표시된다면 도면해독이 어려울 수 있습니다. 따라서 부품도는 접선을 숨기는 것이 좋습니다.

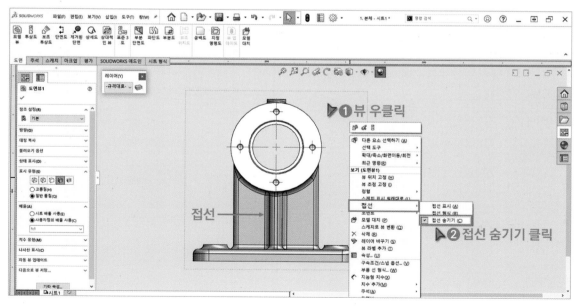

7 접선이 숨겨지지 않는다면 뷰를 클릭하고 표시 유형의 「⊙고품질」을 선택합니다.

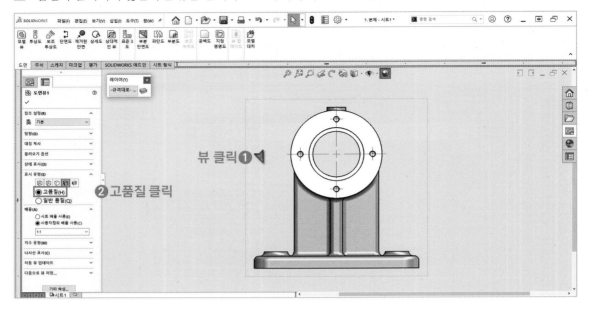

8 도면 도구모음의 「🗗 투상도」를 클릭합니다. 「뷰」를 클릭하고 「☑ 모체 유형 사용, 모체 배율 사용」 옵션을 체크합니다. 마우스커서를 오른쪽으로 움직여서 배치할 위치를 클릭합니다. 투상도 기능으로 총 8개 방향의 뷰를 생성할 수 있습니다.

9️⃣ 스케치 도구모음의 「✏️ 선」을 클릭합니다. 마우스를 「뷰」에 위치시켜 뷰를 활성화시켜 선으로 「⬜ 닫혀진 영역」을 스케치합니다.

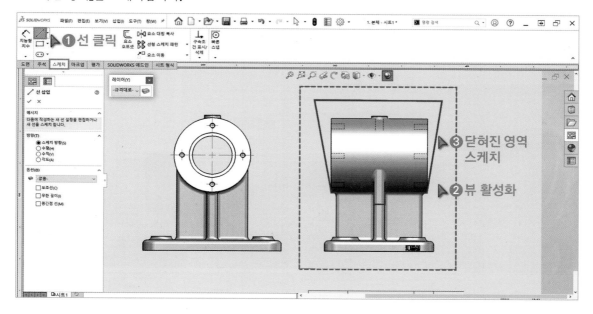

🔟 「⬜ 스케치한 선」을 클릭하고 도면 도구모음의 「🔲 부분 단면도」를 클릭합니다. 부분 단면도는 스케치한 영역을 단면처리 하는 기능입니다.

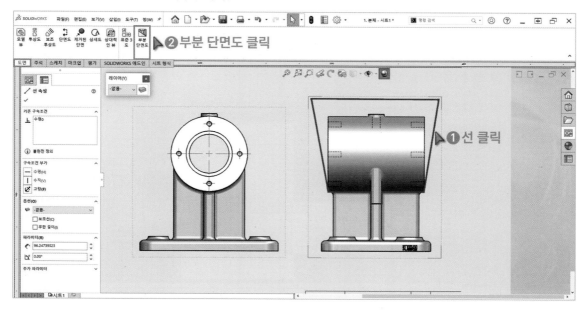

⑪ 「깊이 참조(선)」을 클릭합니다. 원통면의 끝선을 클릭하면 원의 중심점이 단면 위치가 됩니다. 「☑ 미리보기」 옵션을 체크해서 단면 위치와 형상을 확인합니다. 만약 스케치가 뷰에 작성되어 있지 않거나 닫혀진 영역으로 스케치 되어 있지 않을 경우 단면처리를 할 수 없습니다.

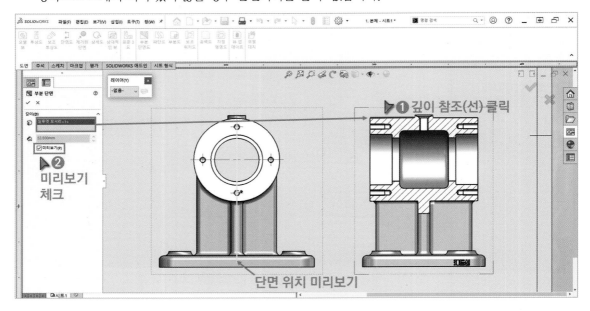

⑫ 디자인트리에 「⬚ 부분 단면」이 생성되었습니다. 부분 단면을 우클릭하고 「정의 편집」을 클릭하면 단면 위치를 수정할 수 있습니다. 「스케치 편집」을 클릭하면 스케치 형태를 수정할 수 있습니다.

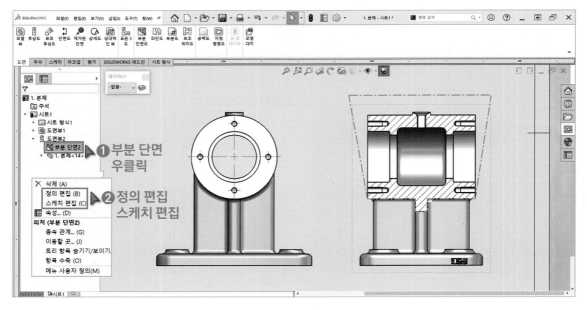

13 도면 도구모음의 「◯A 상세도」를 클릭합니다. 상세도는 원의 영역을 확대해서 뷰를 생성하는 기능입니다. 「☑ 모체 유형 사용」 옵션을 체크합니다. 임의의 지점을 클릭해서 「원」을 스케치합니다. 원을 스케치할 때 뷰의 요소들과 구속이 되는데 Ctrl 키를 누른 상태에서 원을 스케치하면 구속을 해제할 수 있습니다.

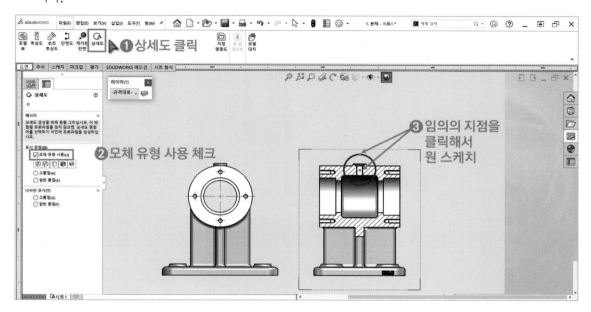

14 상세도의 문자가 자동으로 입력됩니다. 「☑ 전체 테두리」 옵션을 체크합니다. 「사용자 정의 배율 3:1」을 입력하고 상세도를 배치할 위치를 클릭합니다.

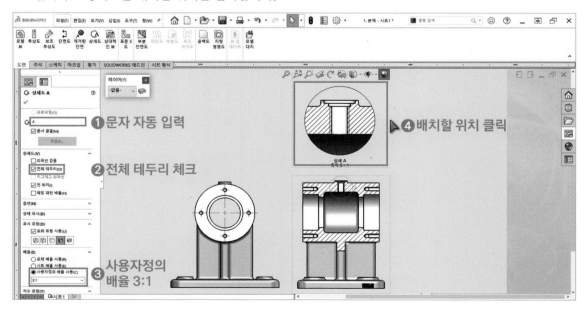

15 디자인트리에 「◯A 상세도」가 생성된 것을 확인합니다. 뷰의 상세도 원을 드래그하면 상세도의 영역을 조절할 수 있고 중심점을 드래그하면 위치를 이동할 수 있습니다.

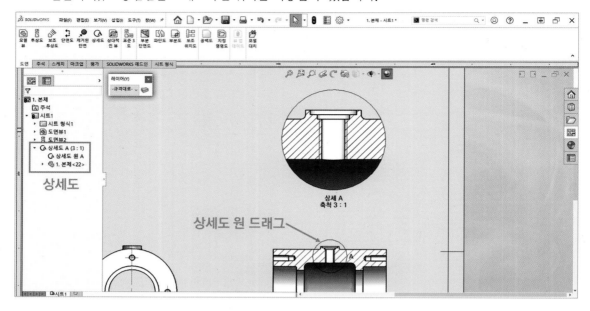

16 도면 도구모음의 「⇕ 단면도」를 클릭합니다. 단면도는 절단선을 기준으로 단면처리 된 뷰를 생성하는 기능입니다. 「↔ 수평」을 클릭하고 절단선의 위치를 지정합니다.

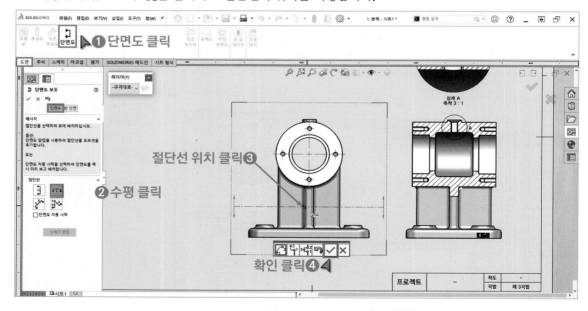

17 「반대 방향」을 클릭해서 단면 방향을 지정합니다. 「☑ 모체 유형 사용, 모체 배율 사용」 옵션을 체크하고 뷰를 배치할 위치를 클릭합니다.

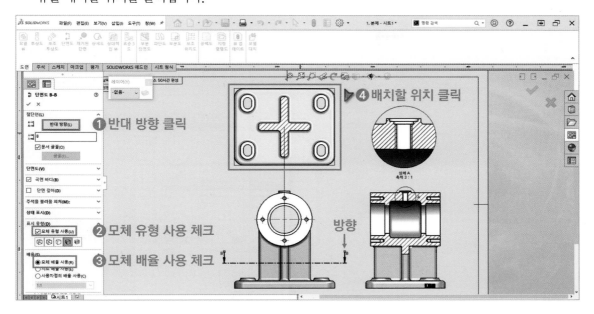

18 디자인트리에 「⇆ 단면도」가 생성된 것을 확인합니다. 「⇆ 절단선」을 우클릭해서 절단선을 숨기거나 표시할 수 있습니다.

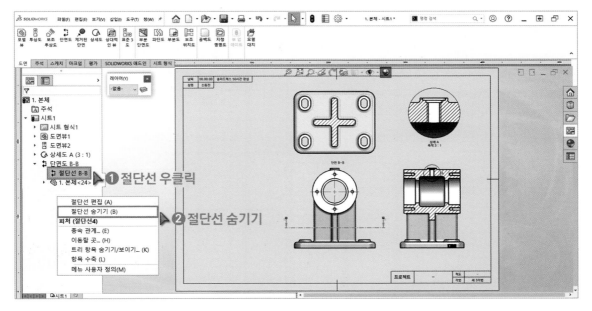

19 스케치 도구모음의 「⬚ 사각형」을 클릭합니다. 마우스를 「뷰」에 위치시켜 뷰를 활성화시킵니다. 「⬚ 닫혀진 영역」으로 사각형을 스케치합니다.

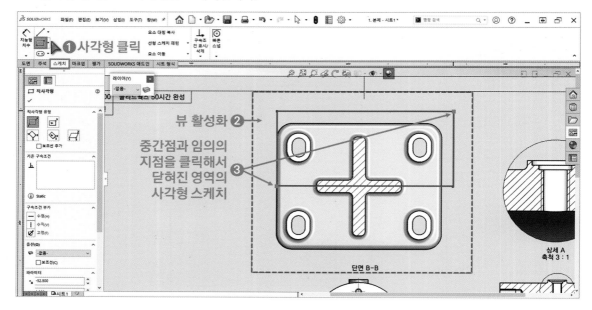

20 「⬚ 스케치한 선」을 클릭하고 도면 도구모음의 「📰 부분도」를 클릭합니다. 부분도는 스케치한 영역만 표시하는 기능입니다. 만약 스케치가 뷰에 작성되어 있지 않거나 닫혀진 영역으로 스케치 되어 있지 않을 경우 부분도가 실행되지 않습니다.

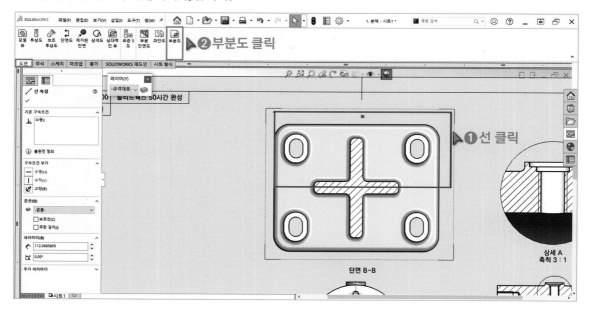

21 부분도는 디자인트리에 아무것도 생성되지 않습니다. 뷰 우클릭 후「부분도 편집」을 클릭하면 스케치를 수정할 수 있습니다.「부분도 제거」를 클릭하면 원래 뷰로 돌아갑니다.

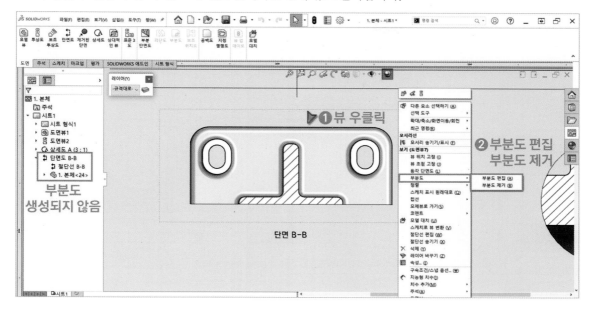

22 도면 도구모음의「 ⇄ 단면도」를 클릭합니다.「반 단면」을 클릭하고「 ⊕ 윗면을 왼쪽으로」를 클릭합니다. 원의 중심을 절단선 위치로 지정합니다.

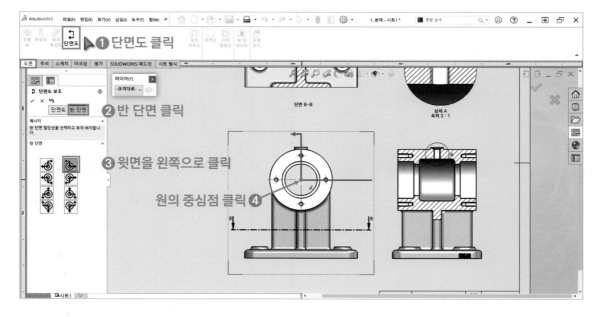

23 「☑ 모체 유형 사용, 모체 배율 사용」 옵션을 체크하고 뷰를 배치할 위치를 지정합니다.

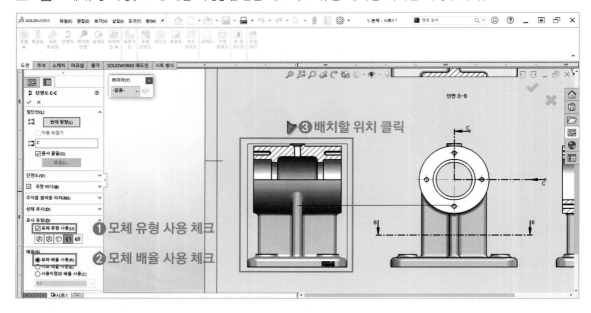

24 뷰 우클릭 후 「등각 단면도」를 클릭합니다. 등각 단면도는 단면도를 등각 방향으로 회전시키는 기능입니다.

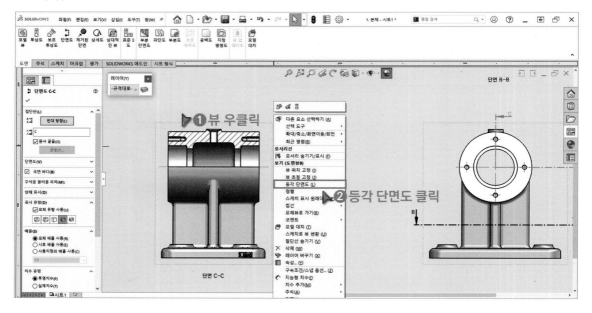

25 뷰를 클릭하고 「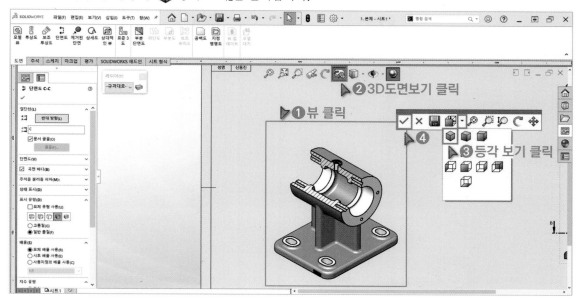 3D도면 보기」를 클릭합니다. 3D도면보기 기능은 뷰를 원하는 방향으로 회전시키는 기능입니다. 뷰 방향의 「⬡ 등각 보기」를 클릭합니다.

26 하나의 부품으로 다양한 형태의 뷰를 생성했습니다. 여러 개의 부품이 조립되어 있는 조립품도 동일한 방법으로 다양한 형태의 뷰를 생성할 수 있습니다.

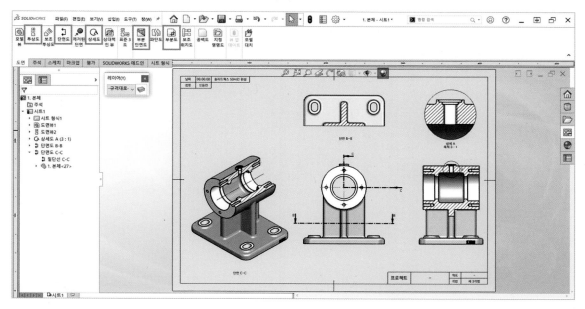

1 「연습도면7. 2열 V벨트 유동장치」를 참고해서 본체 부품도를 완성해봅시다.

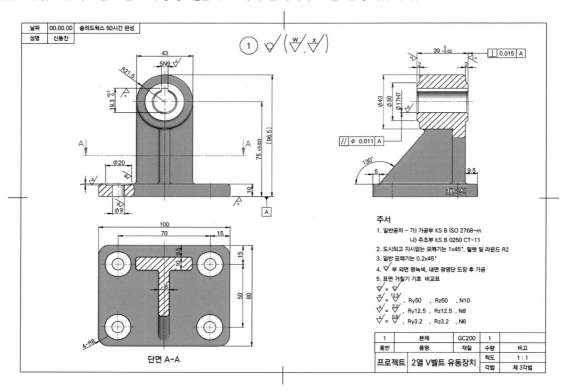

2 「새 문서」를 클릭하고 「A3도면양식」을 더블 클릭합니다.

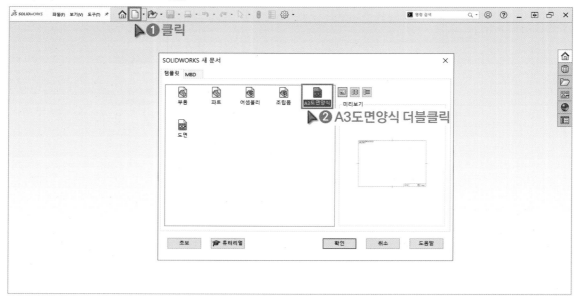

3 마우스 커서를 B부 표제란 근처에 놓은 후 「┌┈┈┐ 제목블록 영역」을 더블 클릭합니다.

4 「연습도면7. 2열 V벨트 유동장치」의 표제란을 참고해서 프로젝트 이름과 척도를 입력합니다.

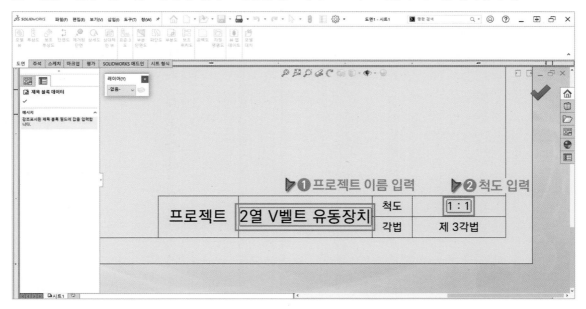

5 표제란에 도면 작성 날짜를 입력하고 「✔ 확인」을 클릭합니다.

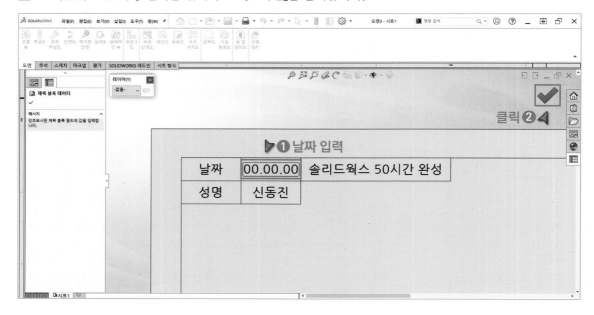

6 표제란의 간격이 좁아서 도면양식을 수정해야 합니다. 시트에서 우클릭 후 「🖉 시트 형식 편집」을 클릭합니다.

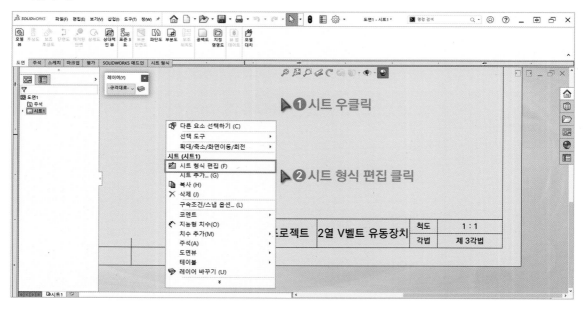

7 「 레이어 속성」을 클릭합니다. 숨기기 레이어의 「 켜기/끄기」를 클릭해서 레이어가 보이게 합니다.

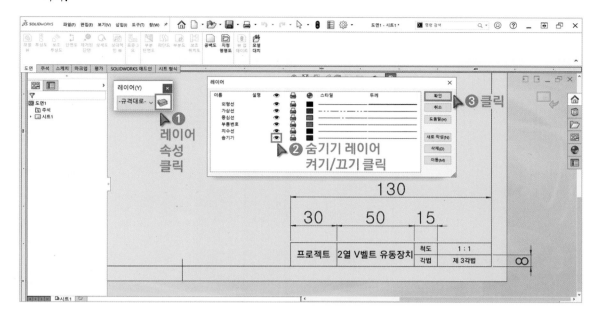

8 표제란의 치수 값(30→25, 50→55)을 수정해서 간격을 적절하게 조절합니다. 문자의 위치를 사각형 중심으로 위치시킵니다.(문자 우클릭 → 사각형 중심으로 스냅 → 문자를 포함하는 사각형 영역의 선 4개 클릭)

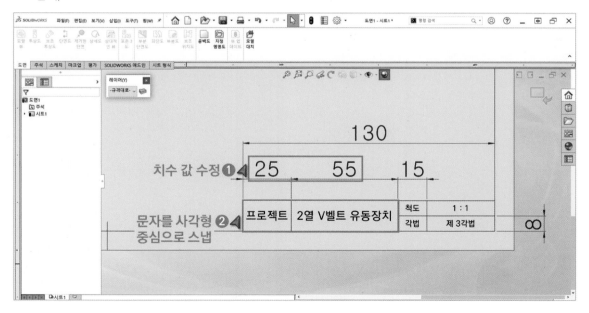

9 「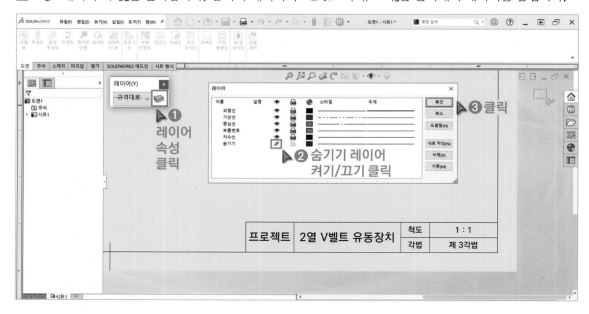 레이어 속성」을 클릭합니다. 숨기기 레이어의「 켜기/끄기」를 클릭해서 레이어를 숨깁니다.

10 수정한 도면양식을 확인합니다. 이상이 없다면「 편집 종료」를 클릭합니다.

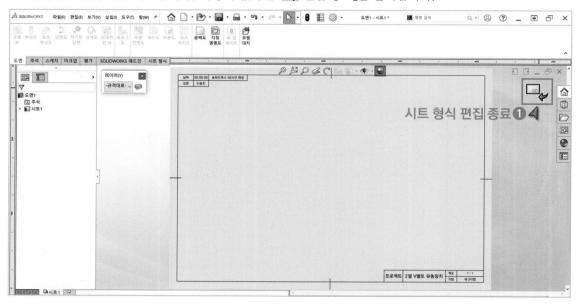

4 뷰(투상도) 배치 중요Point ◁ 실습Point ◁

투상법에 의해 도면을 작성할 때에는 6개의 투상도(정면도, 우측면도, 좌측면도, 평면도, 배면도, 저면도)를 전부 그리지 않습니다. 제품의 형상을 알아볼 수 있으며 크기를 나타내는 치수를 모두 표현할 수 있는 범위 내에서 꼭 필요한 투상도만을 작성하면 됩니다.

1 「🗔 뷰 팔레트」를 클릭하고 「... 찾기」를 클릭합니다. 「연습도면7. 2열 V벨트 유동장치」 폴더에서 「1. 본체.SLDPRT」 파일을 엽니다.

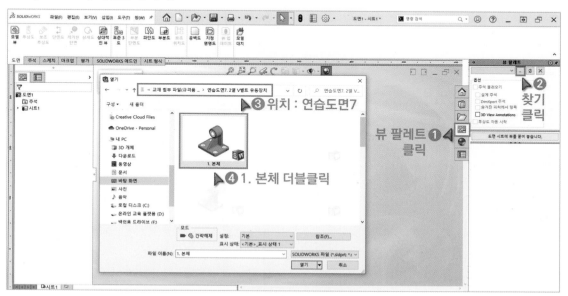

2 「정면」 뷰를 시트로 드래그 앤 드롭 합니다. 「🔲 모서리 표시 음영, 고품질」을 선택합니다. 「사용자 정의 배율 1 : 1」을 입력합니다. 시트 배율(1 : 1)을 사용해도 됩니다.

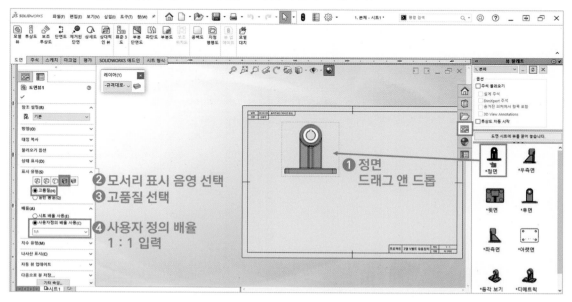

3 뷰를 우클릭하고 접선 숨기기를 클릭합니다. 부품도는 접선을 표시하지 않습니다.

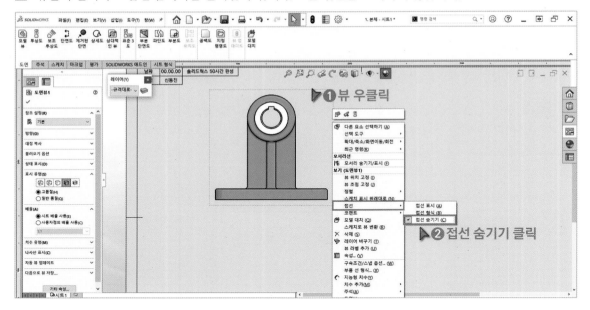

4 도면 도구모음의 「⊞ 투상도」를 클릭합니다. 「뷰」를 클릭하고 「☑ 모체 유형 사용, 모체 배율 사용」 옵션을 체크합니다. 마우스커서를 오른쪽으로 움직여서 배치할 위치를 클릭합니다.

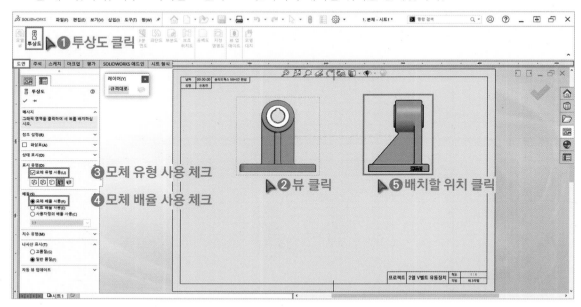

5 도면 도구모음의 「 ⇅ 단면도」를 클릭합니다. 「 ↔ 수평」을 클릭하고 절단선의 위치를 지정합니다.

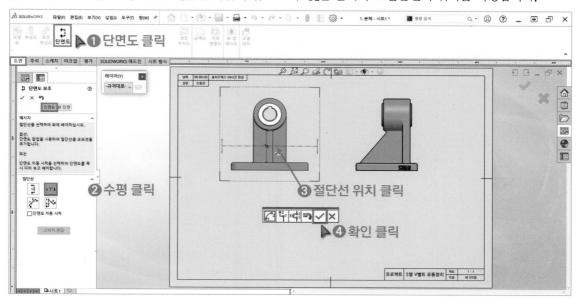

6 「확인」을 클릭합니다.

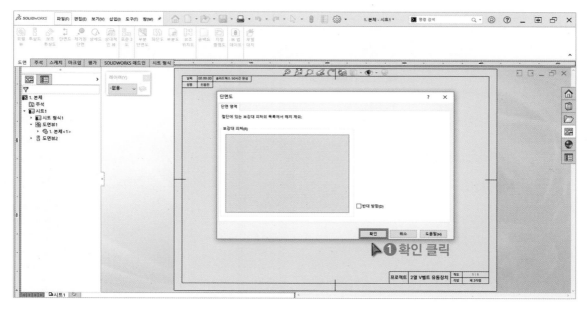

7 「반대 방향」을 클릭해서 단면 방향을 지정합니다. 「☑ 모체 유형 사용, 모체 배율 사용」 옵션을 체크하고
뷰를 배치할 위치를 클릭합니다.

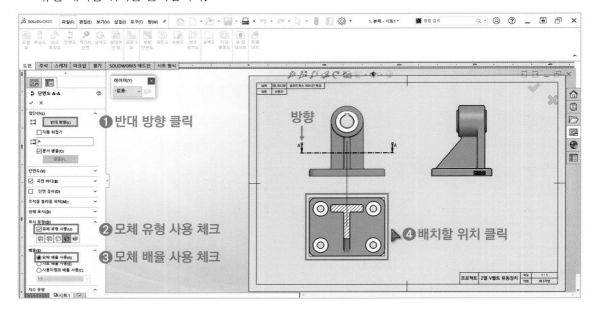

8 스케치 도구모음의 「∿ 자유곡선」을 클릭합니다. 마우스를 「뷰」에 위치시켜 뷰를 활성화시키고 「◯ 닫
혀진 영역」을 스케치합니다.

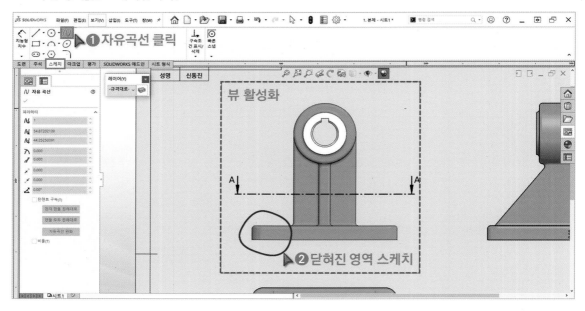

9 「◯ 스케치한 자유곡선」을 클릭하고 도면 도구모음의 「🔲 부분 단면도」를 클릭합니다.

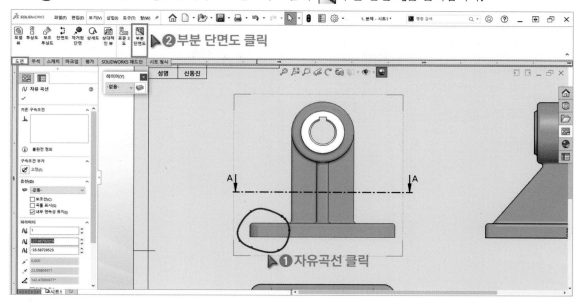

10 「깊이 참조(원)」을 클릭합니다. 원을 클릭하면 원의 중심점이 단면 위치가 됩니다. 「☑ 미리보기」 옵션을
체크해서 단면 위치와 형상을 확인합니다.

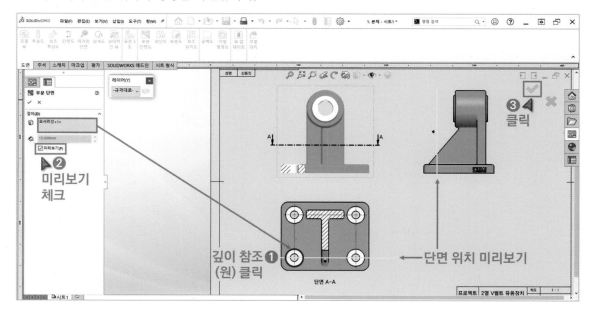

11 (참고) 부분 단면도로 인해 뷰의 외형선이 보이지 않을 경우 표시 유형을 「일반 품질」로 변경하면 됩니다.

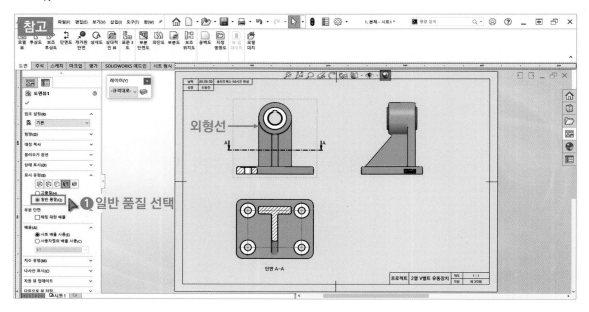

12 스케치 도구모음의 「 ╱ 선」을 클릭합니다. 마우스를 「뷰」에 위치시켜 뷰를 활성화시키고 선으로 「▢ 닫혀진 영역」을 스케치합니다. 스케치에 필렛을 적용하고 정확한 위치로 고정 시키키 위해 치수를 기입합니다.

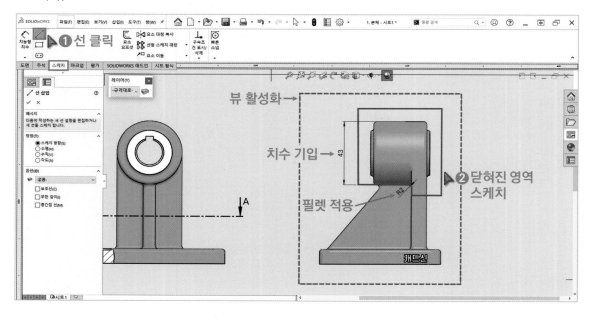

13 「☐ 스케치한 선」을 클릭하고 도면 도구모음의 「▨ 부분 단면도」를 클릭합니다.

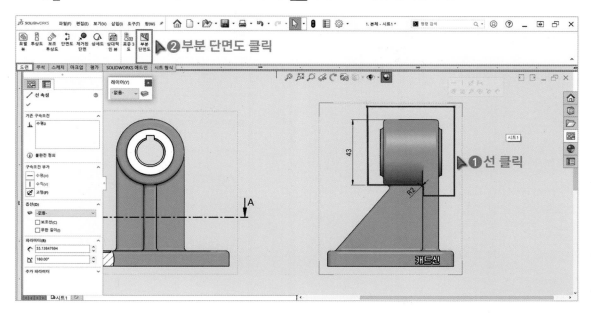

14 「깊이 참조(선)」을 클릭합니다. 원통면의 끝선을 클릭하면 원의 중심점이 단면 위치가 됩니다. 「☑ 미리보기」 옵션을 체크해서 단면 위치와 형상을 확인합니다.

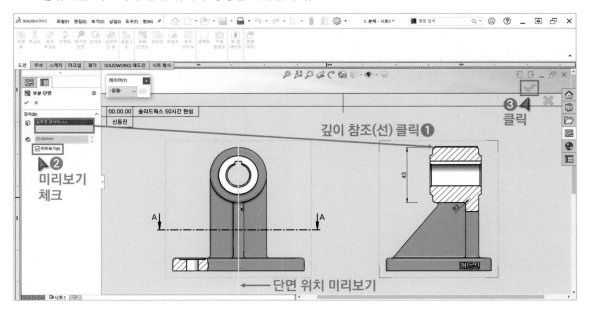

15 2개의 치수를 클릭하고 「숨기기」 레이어로 변경합니다.

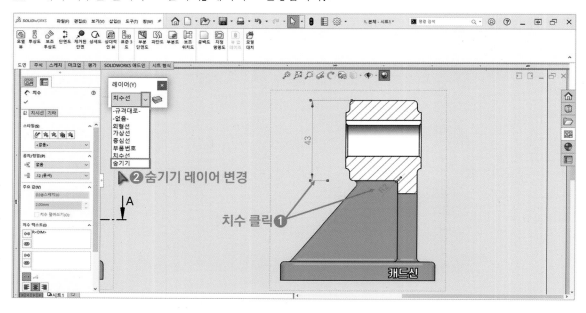

16 뷰를 클릭하고 「☐ 모체 유형 사용」 옵션을 해제합니다. 표시 유형을 「⬜ 은선 표시」로 선택합니다.

17 주석 도구모음의 「中 중심선」을 클릭합니다. 2개의 선을 클릭해서 중심선을 생성합니다.

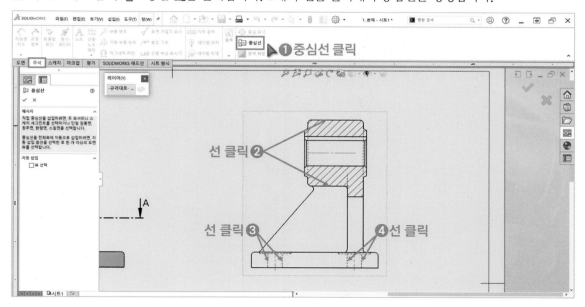

18 「점」을 드래그해서 중심선이 외형선 밖으로 나오도록 연장합니다. 「🔲 모서리 표시 음영, 일반 품질」을 선택합니다.

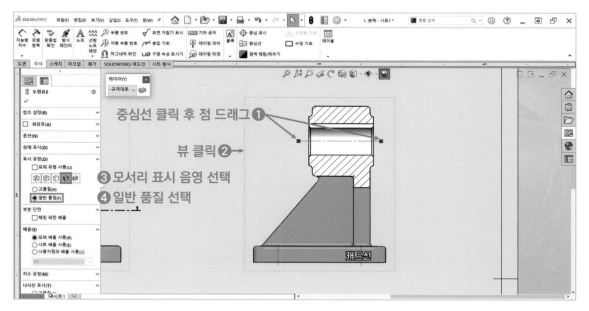

19 주석 도구모음의 「⊕ 중심 표시」를 클릭합니다. 원을 클릭해서 중심선을 생성합니다.

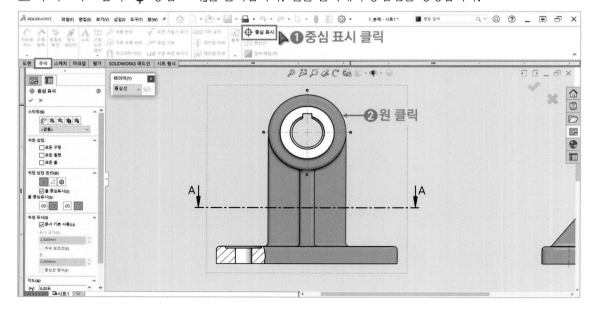

20 아래 그림을 참고해서 중심선을 생성합니다.

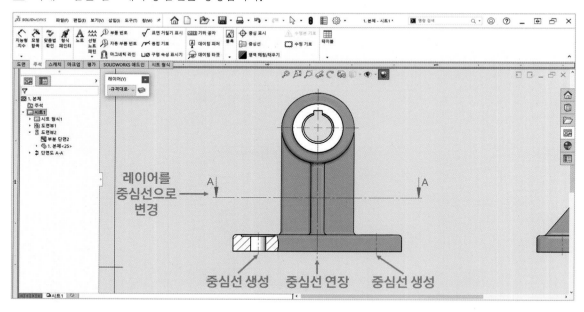

21 아래 그림을 참고해서 불필요한 중심선은 $\boxed{\text{Del}}$ 키로 삭제하고 필요한 중심선, 중심 표시만 생성합니다.

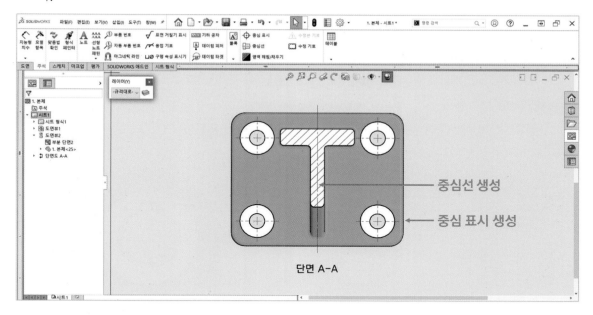

22 투상도(뷰)와 중심선을 모두 생성했습니다. 디자인트리의 구성을 파악하고 도면에 이상이 없는지 확인합니다.

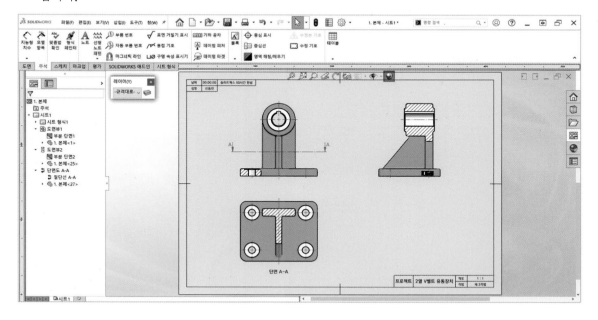

5 치수, 일반허용차, 끼워맞춤공차 기입 중요 Point 실습 Point

1 「 ⬈ 지능형 치수」를 클릭합니다. Shift 키를 누른 상태에서 선과 원의 사분점을 클릭합니다. 임의의 지점을 클릭해서 치수를 기입합니다. 공차 유형을 「1.50 $^{+.01}_{-.01}$ 좌우 상칭」으로 선택하고 「+(위치수 허용차) : 0.1, −(아래치수 허용차) : 0」을 입력합니다.

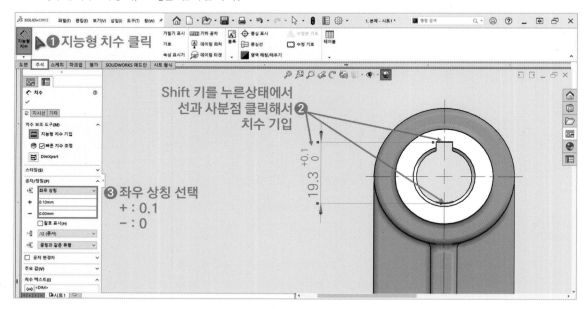

2 치수의 점을 클릭해서 화살표의 방향을 변경합니다. 「 📛 치수 팔레트 버튼」에 마우스 커서를 놓으면 치수 팔레트가 나타납니다. PropertyManager의 공차, 정밀도, 유형, 정렬, 문자 등을 치수 팔레트에서 빠르게 입력할 수 있습니다.

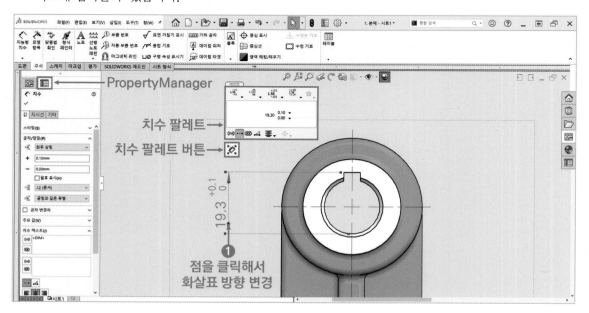

3 두 선을 클릭해서 치수를 기입합니다. 치수 텍스트에 「〈DIM〉N9」를 입력합니다. 〈DIM〉은 치수 값을 의미하며 지우지 않는 것이 좋습니다. 「✛✕✛ 치수 가운데 맞춤」 옵션을 해제하면 치수 문자를 드래그해서 위치를 변경할 수 있습니다. 「Ϛ̟⁺ 기타 기호」를 클릭하면 더욱 다양한 기호를 치수 텍스트에 입력할 수 있습니다.

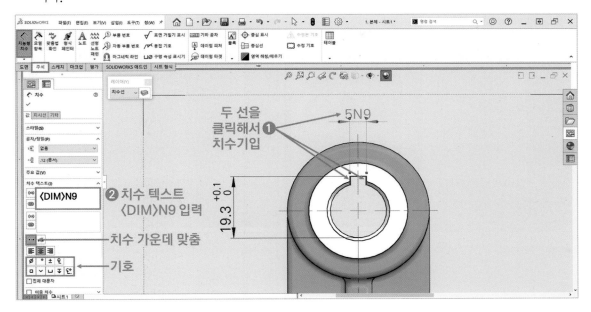

4 두 선을 클릭해서 치수를 기입합니다. 공차 유형을 「1.50⁺⁰¹₋₀₁ 대칭」으로 선택하고 「+ : 0.023」을 입력합니다. 「x.xxx⁺⁰¹₋₀₁ 단위 정밀 : .123」을 선택합니다.

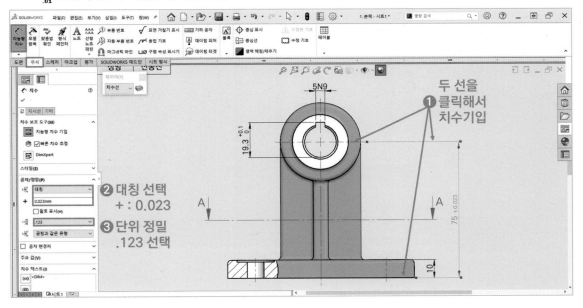

5　　Shift 키를 누른 상태에서 선과 원의 사분점을 클릭해서 치수를 기입합니다. 「(xx) 괄호 추가」를 클릭합니다. 연습도면을 참고해서 나머지 치수를 기입합니다.

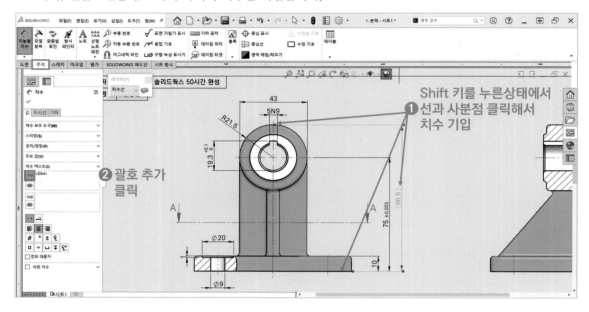

6　　우측면도에 외형선과 중심선을 클릭해서 치수를 기입합니다. Esc 키를 눌러 치수 작업을 종료합니다. 치수 보조선을 우클릭하고 「치수 보조선 숨기기」를 클릭합니다. 화살표를 우클릭하고 「치수선 숨기기」를 클릭합니다.

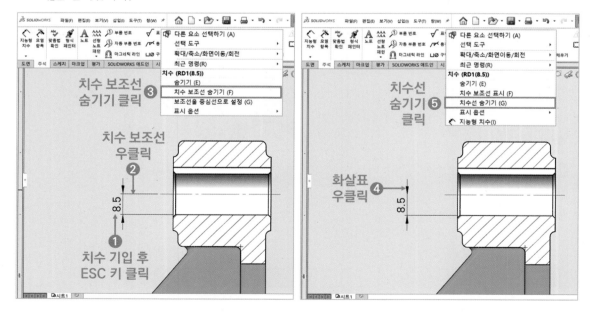

7 화살표의 「점」을 클릭해서 화살표의 방향을 변경합니다. 「∅ 지름 기호」를 클릭하면 치수 텍스트에 〈MOD—DIAM〉이 자동으로 입력되어 치수에 지름 기호가 삽입됩니다. 「☑ 치수 덮어쓰기」 옵션을 체크 하고 치수 값에 「17H7」을 입력합니다.

8 「↙ 지능형 치수」를 클릭합니다. 아래 그림을 참고해서 교차 지점에 치수를 기입합니다.

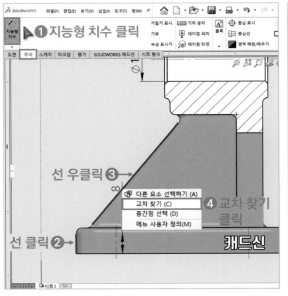

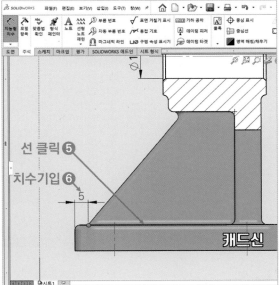

9 연습도면을 참고해서 나머지 치수를 기입합니다.

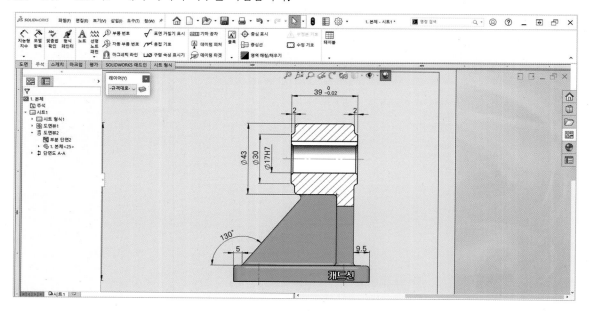

10 연습도면을 참고해서 나머지 치수를 기입합니다.

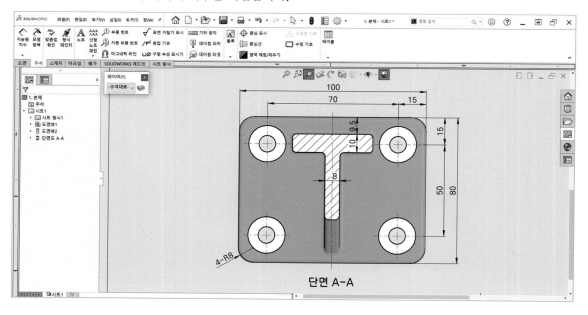

6 **표면거칠기 기호 기입** 중요Point 실습Point

1 주석 도구모음의 「√ 표면 거칠기 표시」를 클릭합니다. 「√ 기계 가공」을 클릭하고 소문자 「x」를 입력합니다. 문자를 입력할 때 띄어쓰기를 포함시키면 표면거칠기 기호의 문자 위치를 조절할 수 있습니다.

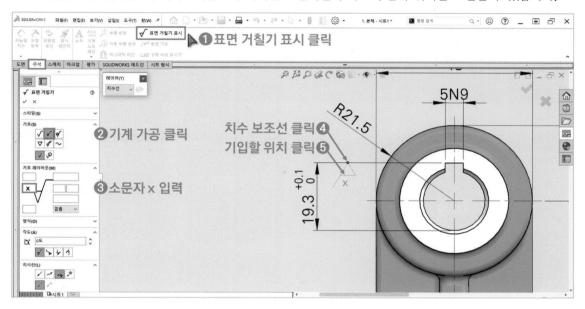

2 연습도면을 참고해서 나머지 표면거칠기 기호를 기입합니다.

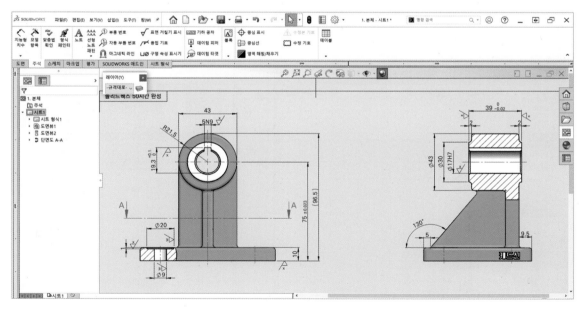

3 주석 도구모음의「①부품 번호」를 클릭합니다. 두 지점을 클릭해서 부품 번호를 삽입합니다.

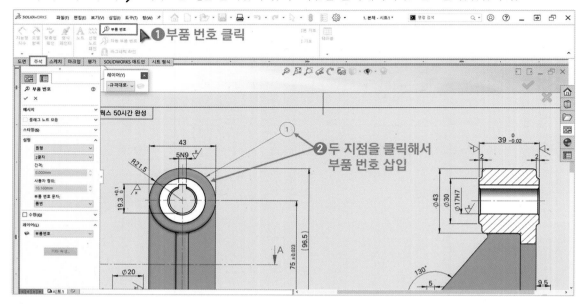

4 부품 번호를 클릭하고「기타 속성」을 클릭합니다.「지시선 없음」을 클릭합니다.「문서 글꼴 사용」
옵션을 해제하고「글꼴」을 클릭합니다. 문자의 높이를「5」로 변경합니다. 부품 번호와 표면 거칠기 기호
의 크기는 문자의 높이를 따릅니다. 만약 문자의 높이가 커진다면 부품 번호의 크기도 커지게 됩니다.

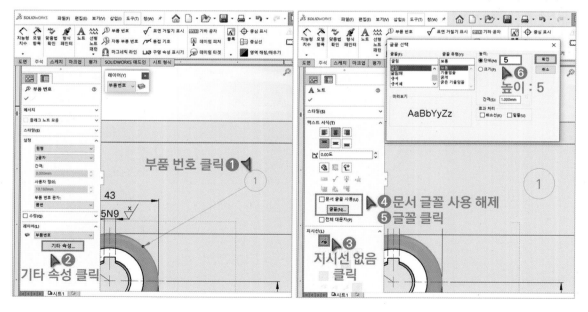

5 주석 도구모음의 「✓ 표면 거칠기 표시」를 클릭합니다. 「♂ 기계 가공 금지」를 클릭합니다. 「☐ 문서 글꼴 사용」 옵션을 해제하고 「글꼴」을 클릭합니다. 문자의 높이를 「5」로 변경합니다. 임의의 지점을 클릭해서 표면 거칠기 기호를 기입합니다.

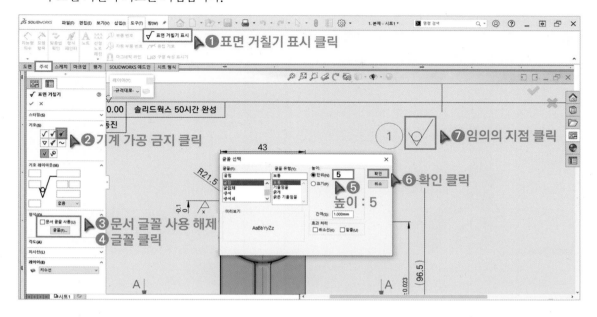

6 동일한 방법으로 표면거칠기 기호를 기입합니다.

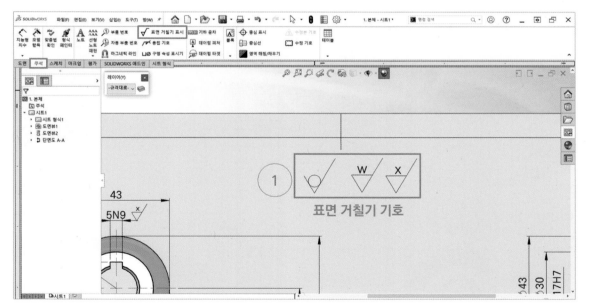

표면 거칠기 기호

7 스케치 도구모음의 「✏ 선, ◠ 3점호」를 사용해서 선과 3점호를 스케치합니다.

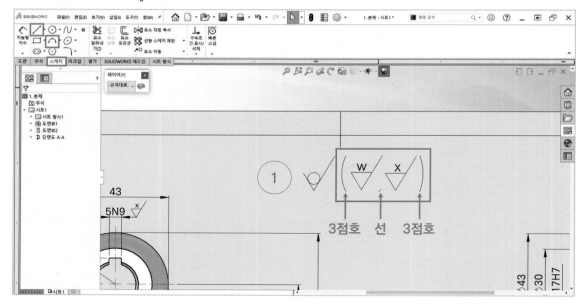

8 부품 번호, 표면거칠기 기호, 3점호, 선을 전체 선택하고 레이어를 「외형선」으로 변경합니다.

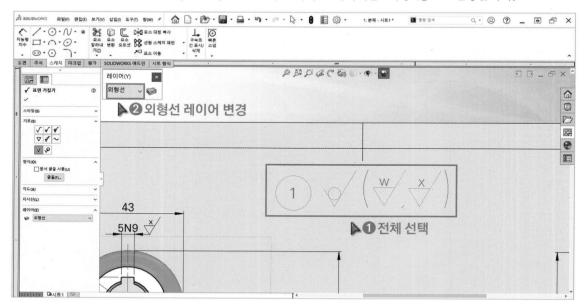

7 기하공차 기입 중요 Point 실습 Point

1 주석 도구모음의 「▲ 데이텀 피처」를 클릭합니다. 치수보조선을 클릭하고 임의의 지점을 클릭해서 데이텀의 위치를 지정합니다.

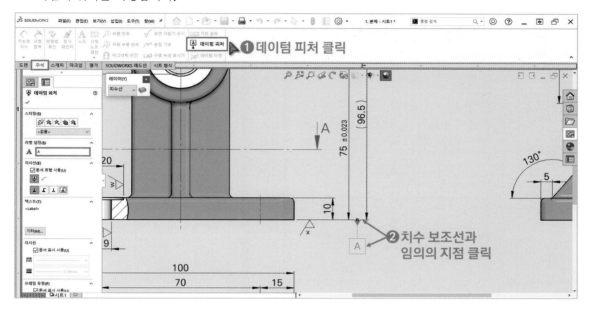

2 주석 도구모음의 「▱0.3 기하공차」를 클릭합니다. 「✔ 지시선, ✔ 직각 지시선」을 클릭합니다. 속성의 미리보기를 확인하면서 「∥ 평행도, ∅ 지름, 공차 값 0.011, 데이텀 문자 A」를 입력합니다. 치수의 화살표와 임의의 지점을 클릭해서 기하공차를 기입합니다.

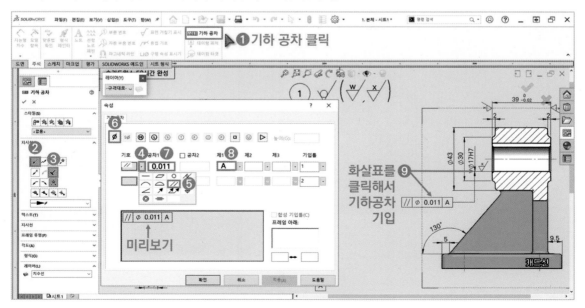

3 주석 도구모음의 「⬦0.3 기하공차」를 클릭합니다. 「✏ 지시선」을 클릭합니다. 속성의 미리보기를 확인하면서 「⊥ 직각도, 공차 값 0.015, 데이텀 문자 A」를 입력합니다. 치수의 화살표와 임의의 지점을 클릭해서 기하공차를 기입합니다.

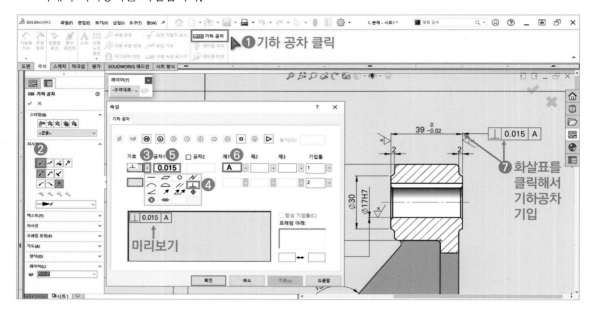

4 데이텀과 기하공차가 정확한 위치에 기입되었는지 확인합니다.

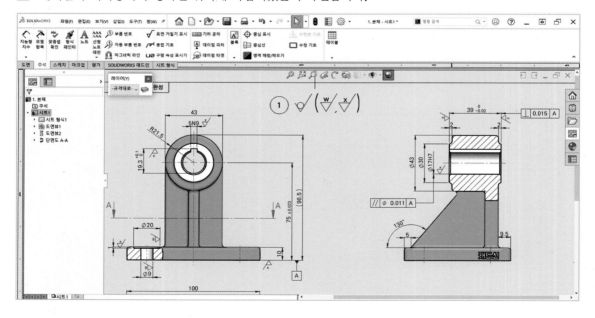

8 **주서 기입** 중요 Point 실습 Point

1 주석 도구모음의 「**A** 노트」를 클릭합니다. 「✎ 지시선 없음」을 클릭하고 임의의 지점을 클릭합니다. 연습도면을 참고해서 주서를 작성합니다.

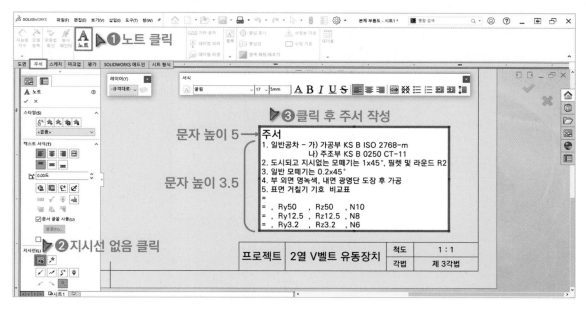

2 「 Ctrl 」 + A」를 클릭해서 주서를 전체 선택합니다. 「↕▤ 단락속성」을 클릭하고 단락 간격을 「4」로 변경합니다.

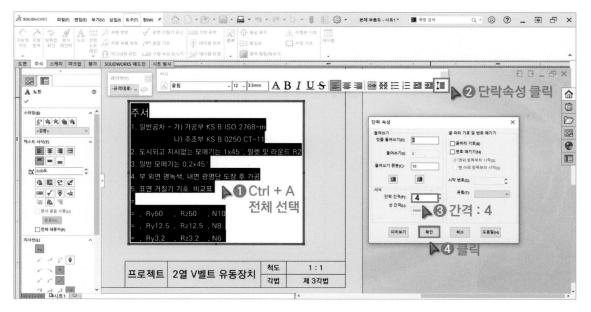

3 커서를 「4.」뒤에 위치시키고 문자 높이를 「2.5」로 변경합니다. 「√ 표면 거칠기」를 클릭합니다. 문자 높이를 미리 변경해야지만 표면 거칠기 기호의 크기를 조절할 수 있습니다.

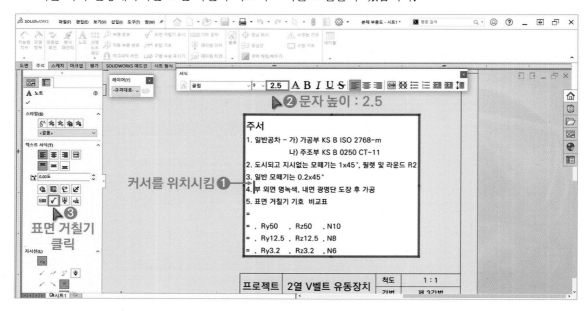

4 「√ 기계 가공 금지」를 클릭하고 주서에 작성된 표면거칠기 기호를 확인합니다. 이상이 없다면 「✔ 확인」을 클릭합니다.

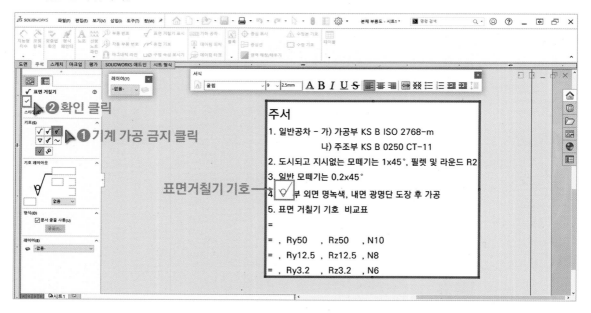

5 연습도면을 참고해서 나머지 표면거칠기 기호를 기입합니다.

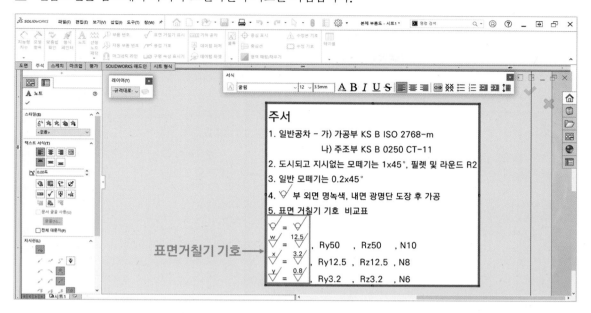

6 주서를 완성했습니다. 「★ 스타일 추가」를 클릭합니다. 스타일 이름을 「주서(부품도)」로 입력합니다.

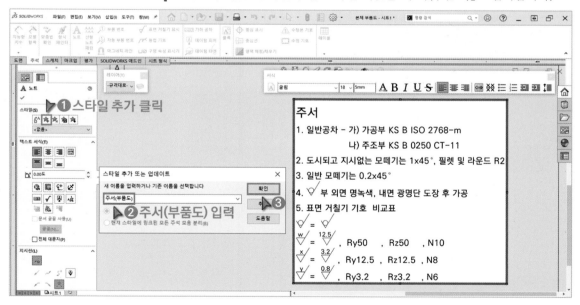

7 「 ⬢ 스타일 저장」을 클릭합니다. 「C:₩ProgramData₩SOLIDWORKS₩SOLIDWORKS 2021₩templates」 저장위치를 선택하고 파일명 「주서(부품도)」를 입력해서 저장합니다. 다른 부품도를 작성할 때 주서를 일일이 작성하지 않고 「 ⬢ 스타일 불러오기」로 저장한 주서를 쉽게 불러올 수 있습니다.

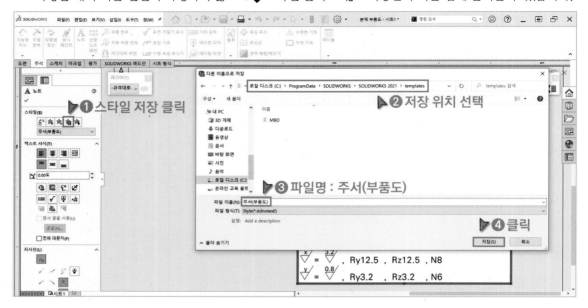

8 주서를 표제란 위로 위치시킵니다.

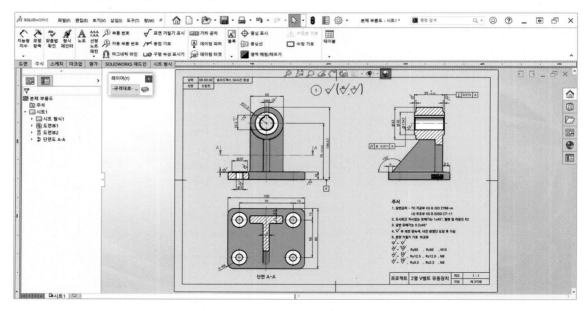

① 주석 도구모음의 「🔲 BOM」을 클릭하고 「뷰」를 클릭합니다. 「⭐ 템플릿 열기」를 클릭해서 「C:₩ ProgramData₩SOLIDWORKS₩SOLIDWORKS 2021₩templates」 위치에 저장했던 BOM 템플릿을 불러옵니다. 「✔ 확인」을 클릭합니다.

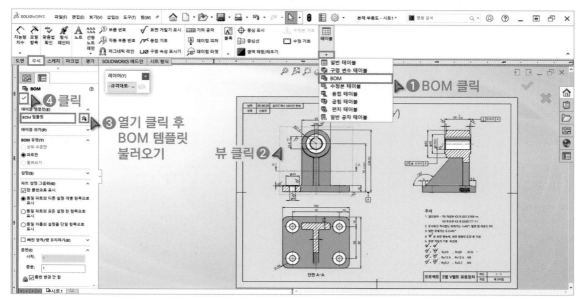

② 표제란 위에 BOM을 삽입합니다.

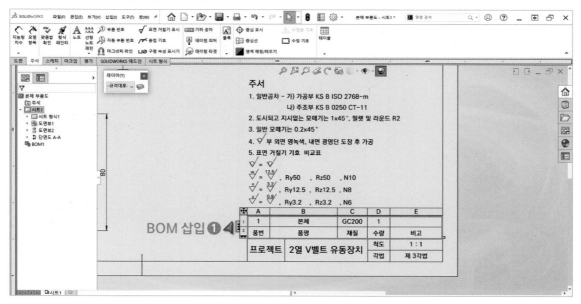

3 부품도를 완성했습니다. 최종적으로 도면을 검토합니다.

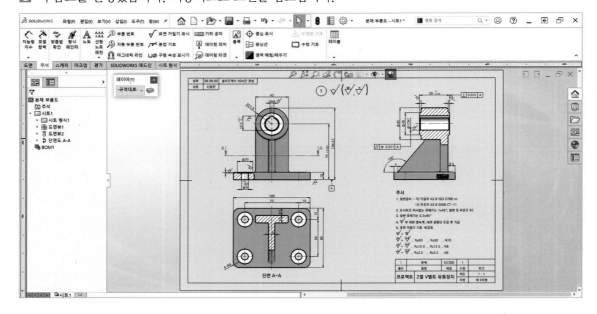

4 「연습도면7. 2열 V벨트 유동장치」폴더에 도면을 저장합니다.

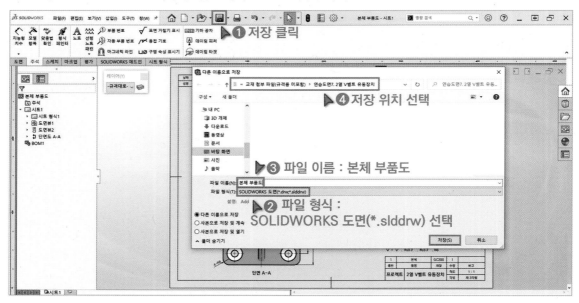

연습도면4. 도어 가이드

품번	품명	규격	툴박스 경로
4	육각 너트	M3	너트 〉 육각 너트 〉 육각 저너트 등급 AB KS B 1012 〉 파트작성 〉 M3, 나사산 표시
5	깊은 홈 볼 베어링	683	베어링 〉 볼 베어링 〉 깊은 홈 볼베어링(68계열) KS B 2023 〉 파트작성 〉 크기:683, 표시:상세
6	+자 둥근 머리 작은 나사	M3x16L	볼트와 나사 〉 작은 나사 〉 +자 둥근머리 작은나사 KS B 1023 〉 파트작성 〉 M3x16L, 나사산 표시

연습도면5. 바이스

품번	품명	규격	툴박스 경로
8	핀1	4x32L	핀 〉 모든 핀 〉 평행 핀 KS B 1320 〉 파트작성 〉 4x32L * 디자인트리에서 BodySke 스케치의 반지름 치수 4를 2로 변경
9	핀2	2x12L	핀 〉 모든 핀 〉 평행 핀 KS B 1320 〉 파트작성 〉 2x12L * 디자인트리에서 BodySke 스케치의 반지름 치수 2를 1로 변경
10	육각 구멍붙이 볼트1	M4x8L	볼트와 나사 〉 소켓 머리 나사 〉 구멍붙이 볼트 KS B 1003 〉 파트작성 〉 M4x8L, 나사산 표시 * 옵션 〉 문서 속성 탭 〉 도면화 〉 ☑ 음영 나사산
11	육각 구멍붙이 볼트2	M4x16L	볼트와 나사 〉 소켓 머리 나사 〉 구멍붙이 볼트 KS B 1003 〉 파트작성 〉 M4x16L, 나사산 표시 * 옵션 〉 문서 속성 탭 〉 도면화 〉 ☑ 음영 나사산

연습도면6. 글로브 밸브

품번	품명	규격	툴박스 경로
11	육각 머리 볼트1	M12x50L	볼트와 나사 〉 육각 볼트 〉 육각 머리 볼트(C등급) KS B 1002 〉 파트작성 〉 M12x50L, 나사산 표시 * 옵션 〉 문서 속성 탭 〉 도면화 〉 ☑ 음영 나사산
12	육각 머리 볼트2	M20x50L	볼트와 나사 〉 육각 볼트 〉 육각 머리 볼트(C등급) KS B 1002 〉 파트작성 〉 M20x50L, 나사산 표시 * 옵션 〉 문서 속성 탭 〉 도면화 〉 ☑ 음영 나사산
13	육각 너트1	M20	너트 〉 육각 너트 〉 육각 저너트 등급 AB KS B 1012 〉 파트작성 〉 M20, 나사산 표시
14	육각 너트2	M24	너트 〉 육각 너트 〉 육각 저너트 등급 AB KS B 1012 〉 파트작성 〉 M24, 나사산 표시

연습도면7. 2열 V벨트 유동장치

품번	품명	규격	툴박스 경로
7	축용 C형 멈춤링	17x1	멈춤링 〉 외부 〉 C형 멈춤링 외장 KS B 1336 〉 파트작성 〉 크기:17, 두께:1
8	구멍용 C형 멈춤링	40x1.8	멈춤링 〉 내부 〉 C형 멈춤링 내장 KS B 1336 〉 파트작성 〉 크기:40, 두께:1.8
9	평행키	5x5x18L	키 〉 모든 키 〉 평행 키 KS B 1311 〉 파트작성 〉 크기:5x5, 길이:18
10	깊은 홈 볼 베어링	6203	베어링 〉 볼 베어링 〉 깊은 홈 볼베어링(62계열) KS B 2023 〉 파트작성 〉 크기:6203, 유형:Cylindrical bore, 표시:상세

연습도면8. 동력전달장치

품번	품명	규격	툴박스 경로
9	깊은 홈 볼 베어링	6202	베어링 〉 볼 베어링 〉 깊은 홈 볼베어링(62계열) KS B 2023 〉 파트작성 〉 크기:6202, 유형:Cylindrical bore, 표시:상세
10	평와셔	M12	와셔 〉 평와셔 〉 평와셔 KS B 1326 〉 파트작성 〉 크기:M12
11	육각 너트	M12	너트 〉 육각 너트 〉 육각 저너트 등급 AB KS B 1012 〉 파트작성 〉 크기:M12, 표시:나사산 표시
12	육각 구멍붙이 볼트	M4x10L	볼트와 나사 〉 소켓 머리 나사 〉 구멍붙이 볼트 KS B 1003 〉 파트작성 〉 크기:M4, 길이:10, 표시:나사산 표시 * 옵션 〉 문서 속성 탭 〉 도면화 〉 ☑ 음영 나사산
13	평행키1	4x4x12L	키 〉 모든 키 〉 평행 키 KS B 1311 〉 파트작성 〉 크기:4x4, 폼:A, 길이:12
14	평행키2	4x4x14L	키 〉 모든 키 〉 평행 키 KS B 1311 〉 파트작성 〉 크기:4x4, 폼:A, 길이:14

* sldsetdocprop 파일 위치 : C:\Program Files\SOLIDWORKS Corp\SOLIDWORKS\Toolbox\data utilities

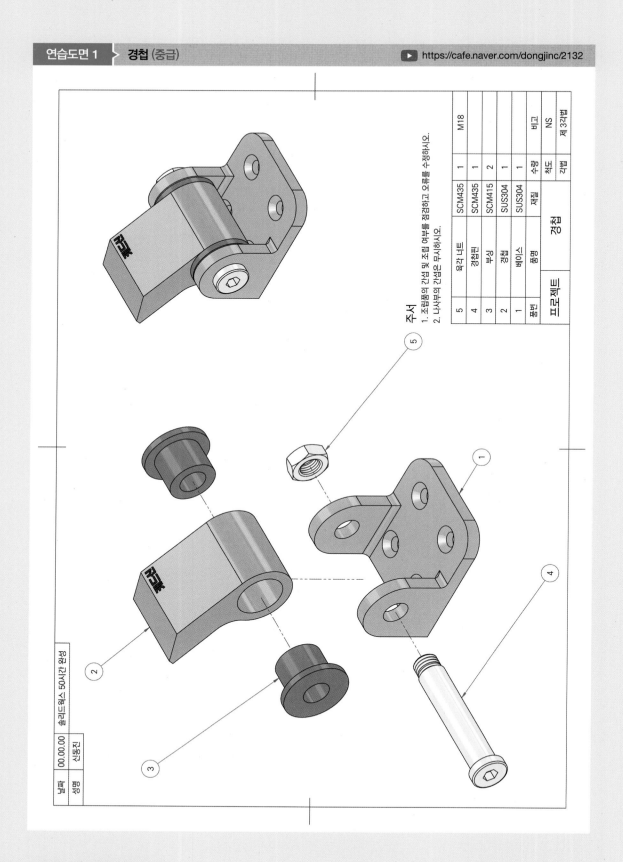

주서

1. 조립품의 간섭 및 조립 여부를 점검하고 오류를 수정하시오.
2. 나사부의 간섭은 무시하시오.

5	육각 너트	SCM435	1	M18
4	경첩핀	SCM435	1	
3	부싱	SCM415	2	
2	경첩	SUS304	1	
1	베이스	SUS304	1	
품번	품명	재질	수량	비고

프로젝트	경첩		
		척도	NS
		각법	제 3각법

날짜	00.00.00	솔리드웍스 50시간 완성
성명	신동진	

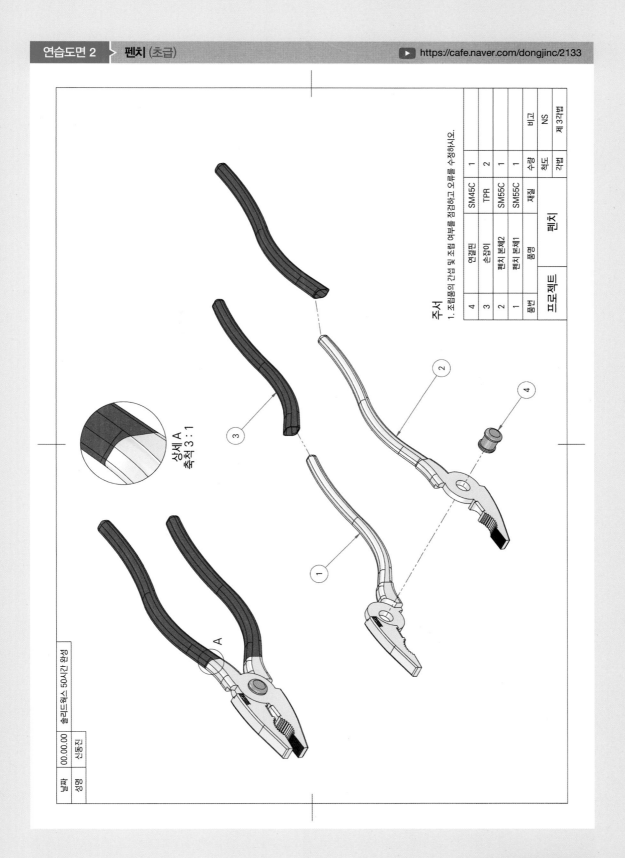

상세 A
축척 3 : 1

주서
1. 조립품의 간섭 및 조립 여부를 점검하고 오류를 수정하시오.

4	연결핀	SM45C	1	
3	손잡이	TPR	2	
2	펜치 본체2	SM55C	1	
1	펜치 본체1	SM55C	1	
품번	품명	재질	수량	비고

프로젝트	펜치	척도	NS
		각법	제 3각법

날짜	00.00.00	솔리드웍스 50시간 완성
성명	신동진	

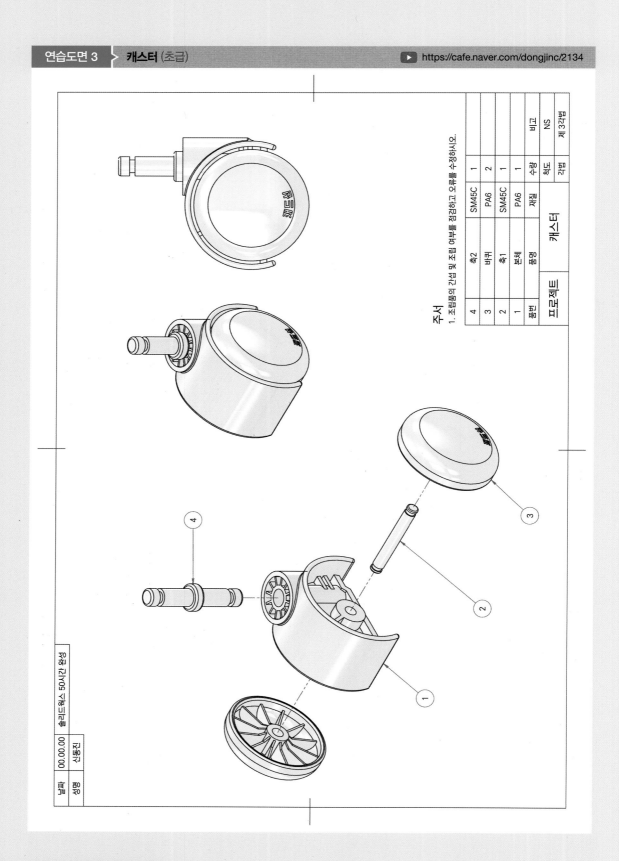

품번	품명	재질	수량	비고
4	축2	SM45C	1	
3	바퀴	PA6	2	
2	축1	SM45C	1	
1	본체	PA6	1	

프로젝트	캐스터
척도	NS
각법	제 3각법

주서
1. 조립품이 간섭 및 조립 여부를 점검하고 오류를 수정하시오.

날짜	00.00.00	솔리드웍스 50시간 완성
성명	신동진	

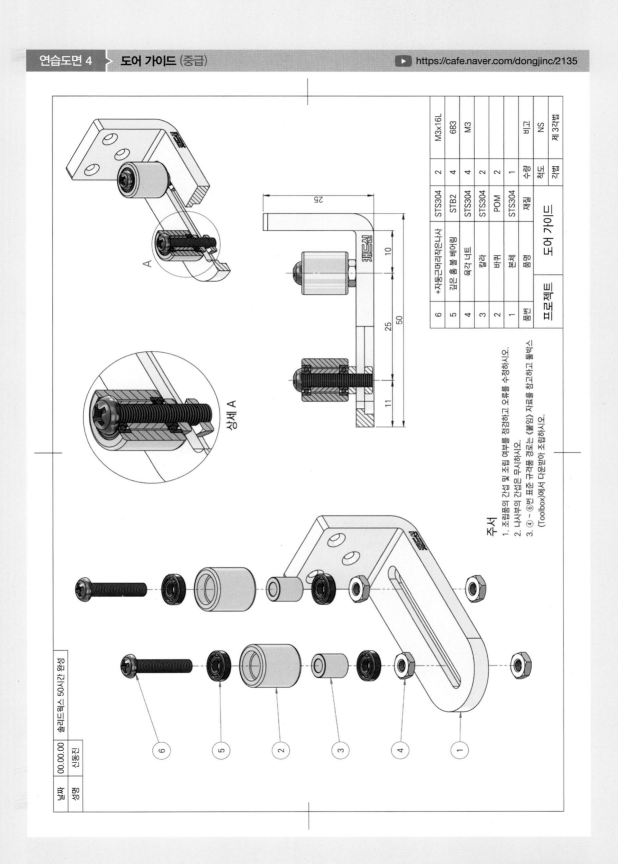

상세 A

A

25
10
25
50
11

프로젝트	도어 가이드			
품번	품명	재질	수량	비고
1	본체	STS304	1	
2	바퀴	POM	2	
3	칼라	STS304	2	
4	육각 너트	STS304	4	M3
5	깊은 홈 볼 베어링	STB2	4	683
6	+자둥근머리작은나사	STS304	2	M3x16L
		척도	NS	각법	제 3각법

주서
1. 조립품의 간섭 및 조립 여부를 점검하고 오류를 수정하시오.
2. 나사부의 간섭은 무시하시오.
3. ④ ~ ⑥번 표준 규격품 경우는 《붙임》 자료를 참고하고 툴박스
   (Toolbox)에서 다운받아 조립하시오.

날짜	00.00.00	솔리드웍스 50시간 완성
성명	신동진	

① ② ③ ④ ⑤ ⑥

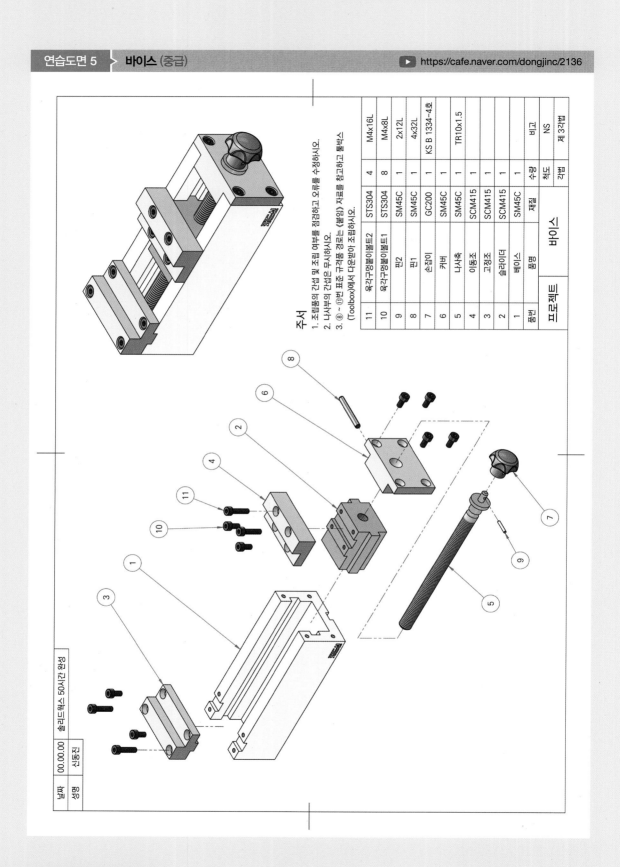

https://cafe.naver.com/dongjinc/2136

주서
1. 조립품의 간섭 및 조립 여부를 점검하고 오류를 수정하시오.
2. 나사부의 간섭은 무시하시오.
3. ⑧ ~ ⑪번 표준 규격품 정보는 (붙임) 자료를 참고하고 툴박스
   (Toolbox)에서 다운받아 조립하시오.

11	육각구멍붙이볼트2	STS304	4	M4x16L
10	육각구멍붙이볼트1	STS304	8	M4x8L
9	핀2	SM45C	1	2x12L
8	핀1	SM45C	1	4x32L
7	손잡이	GC200	1	KS B 1334-4호
6	커버	SM45C	1	
5	나사축	SM45C	1	TR10x1.5
4	이동조	SCM415	1	
3	고정조	SCM415	1	
2	슬라이더	SCM415	1	
1	베이스	SM45C	1	
품번	품명	재질	수량	비고

바이스

프로젝트		척도	NS
		각법	제 3각법

솔리드웍스 50시간 완성
00.00.00
신동진
날짜
성명

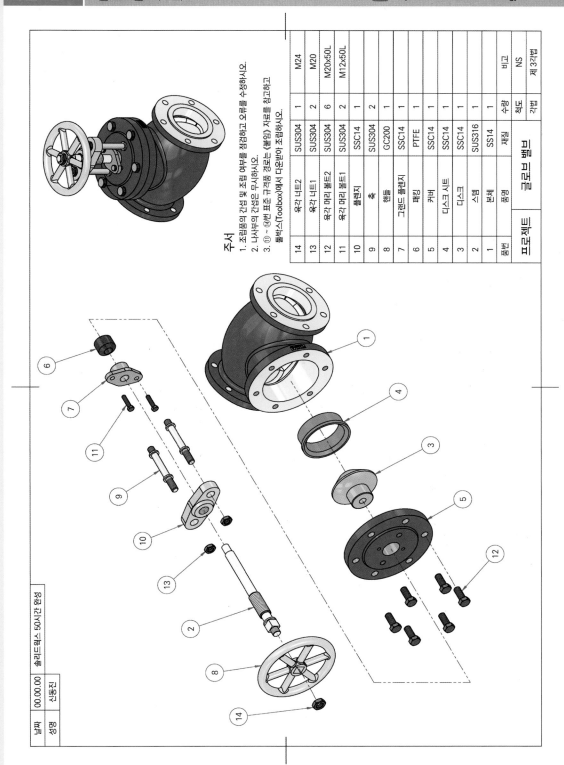

품번	품명	재질	수량	비고
14	육각 너트2	SUS304	1	M24
13	육각 너트1	SUS304	2	M20
12	육각 머리 볼트2	SUS304	6	M20x50L
11	육각 머리 볼트1	SUS304	2	M12x50L
10	플랜지	SSC14	1	
9	축	SUS304	2	
8	핸들	GC200	1	
7	그랜드 플랜지	SSC14	1	
6	패킹	PTFE	1	
5	커버	SSC14	1	
4	디스크 시트	SSC14	1	
3	디스크	SSC14	1	
2	스템	SUS316	1	
1	본체	SS14	1	

글로브 밸브

척도	NS
각법	제 3각법

프로젝트

주서
1. 조립품의 간섭 및 조립 여부를 점검하고 오류를 수정하시오.
2. 나사부의 간섭은 무시하시오.
3. ⑪ ~ ⑭번 표준 규격품 경로는 (볼임) 자료를 참고하고
   툴박스(Toolbox)에서 다운받아 조립하시오.

날짜	00.00.00	솔리드웍스 50시간 완성
성명	신동진	

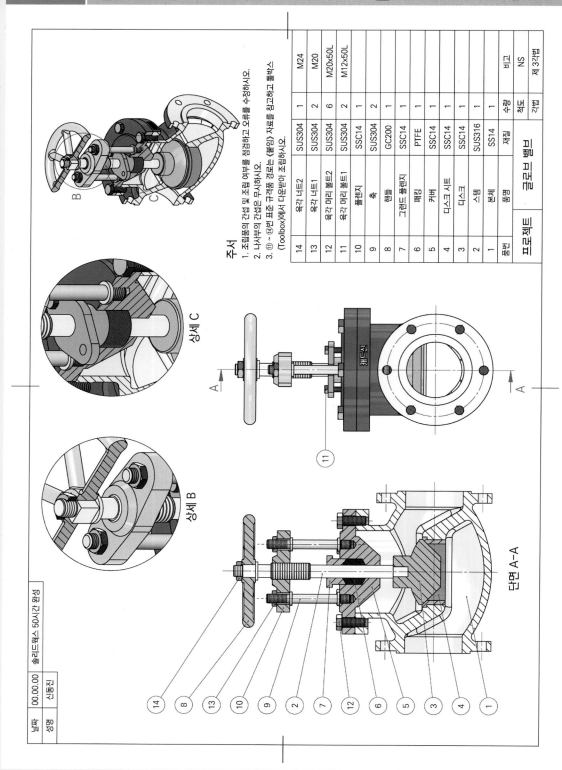

주서

1. 조립품의 간섭 및 조립 여부를 점검하고 오류를 수정하시오.
2. 나사부의 간섭은 무시하시오.
3. ①~⑭번 표준 규격품 정보는 《붙임》 자료를 참고하고 툴박스
   (Toolbox)에서 다운받아 조립하시오.

품번	품명	재질	수량	비고
14	육각 너트2	SUS304	1	M24
13	육각 너트1	SUS304	2	M20
12	육각 머리 볼트2	SUS304	6	M20x50L
11	육각 머리 볼트1	SUS304	2	M12x50L
10	플랜지	SSC14	1	
9	축	SUS304	2	
8	핸들	GC200	1	
7	그랜드 플랜지	SSC14	1	
6	패킹	PTFE	1	
5	커버	SSC14	1	
4	디스크 시트	SSC14	1	
3	디스크	SSC14	1	
2	스템	SUS316	1	
1	본체	SS14	1	
품번	품명	재질	수량	비고

프로젝트 : 글로브 밸브 / 척도 : NS / 각법 : 제 3각법

상세 C

상세 B

단면 A-A

| 날짜 | 00.00.00 | 솔리드웍스 50시간 완성 |
| 성명 | 신동진 | |

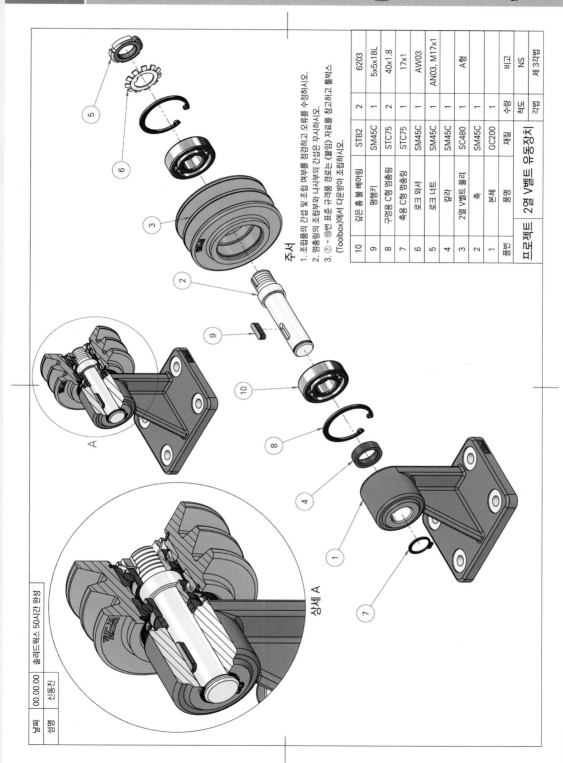

주서
1. 조립품의 간섭 및 조립 여부를 점검하고 오류를 수정하시오.
2. 염품링의 조립부의 나사부의 간섭은 무시하시오.
3. ⑦ ~ ⑩번 표준 규격품 경로는 (붙임) 자료를 참고하고 툴박스
　(Toolbox)에서 다운받아 조립하시오.

품번	품명	재질	수량	비고
10	깊은 홈 볼 베어링	STB2	2	6203
9	평행키	SM45C	1	5x5x18L
8	구멍용 C형 멈춤링	STC75	2	40x1.8
7	축용 C형 멈춤링	STC75	1	17x1
6	로크 와셔	SM45C	1	AW03
5	로크 너트	SM45C	1	AN03, M17x1
4	칼라	SM45C	1	
3	2열 V벨트 풀리	SC480	1	A형
2	축	SM45C	1	
1	본체	GC200	1	
품번	품명	재질	수량	비고

프로젝트 　2열 V벨트 유동장치　　척도 NS　제 3각법

A

상세 A

날짜	00.00.00	솔리드웍스 50시간 완성
성명	신동진	

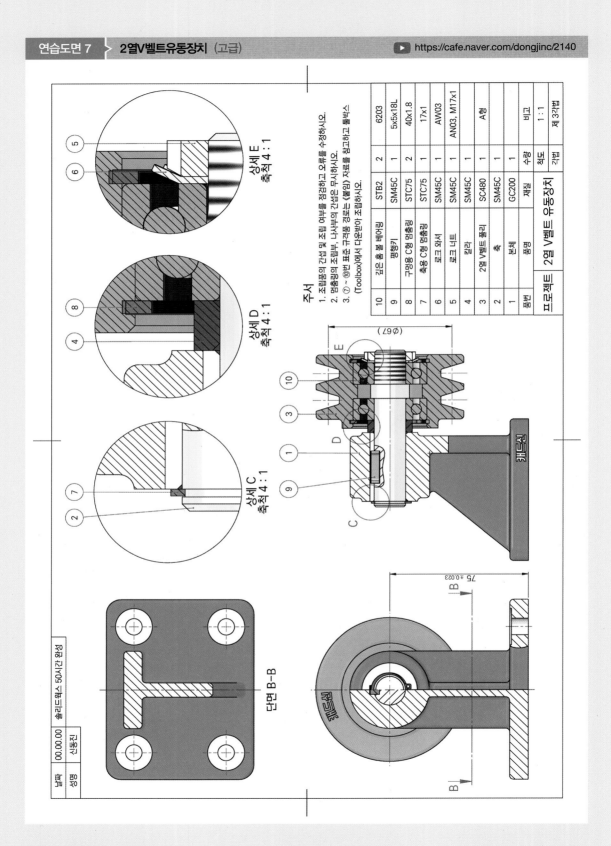

품번	품명	재질	수량	비고
10	깊은 홈 볼 베어링	STB2	2	6203
9	평행키	SM45C	1	5x5x18L
8	구멍용 C형 멈춤링	STC75	2	40x1.8
7	축용 C형 멈춤링	STC75	1	17x1
6	로크 와셔	SM45C	1	AW03
5	로크 너트	SM45C	1	AN03, M17x1
4	칼라	SM45C	1	
3	2열 V벨트 풀리	SC480	1	A형
2	축	SM45C	1	
1	본체	GC200	1	

프로젝트 2열 V벨트 유동장치

척도	1:1
각법	제 3각법

주서

1. 조립품의 간섭 및 조립 여부를 점검하고 오류를 수정하시오.
2. 멈춤링의 조립부, 나사부의 간섭은 무시하시오.
3. ⑦ ~ ⑩번 표준 규격품 경로는 《풀잎》 자료를 참고하고 툴박스
   (Toolbox)에서 다운받아 조립하시오.

상세 E
축척 4 : 1

상세 D
축척 4 : 1

상세 C
축척 4 : 1

단면 B-B

(Φ67)

75 ±0.023

날짜	00.00.00	솔리드웍스 50시간 완성
성명	신동진	

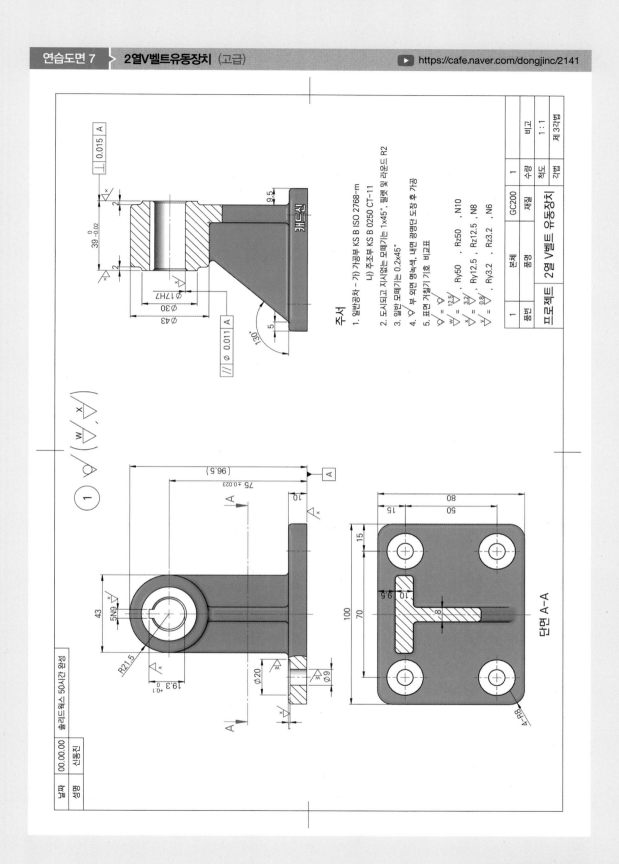

주서

1. 일반공차 - 가) 가공부 KS B ISO 2768-m
   나) 주조부 KS B 0250 CT-11
2. 도시되고 지시없는 모떼기는 1x45°, 필렛 및 라운드 R2
3. 일반 모떼기는 0.2x45°
4. ▽부 외면 명녹색, 내면 광명단 도장 후 가공
5. 표면 거칠기 기호 비교표

본체   GC200   1

품명   2열 V벨트 유동장치

프로젝트 2열 V벨트 유동장치

비고

척도 1:1

제 32법

솔리드웍스 50시간 완성

단면 A-A

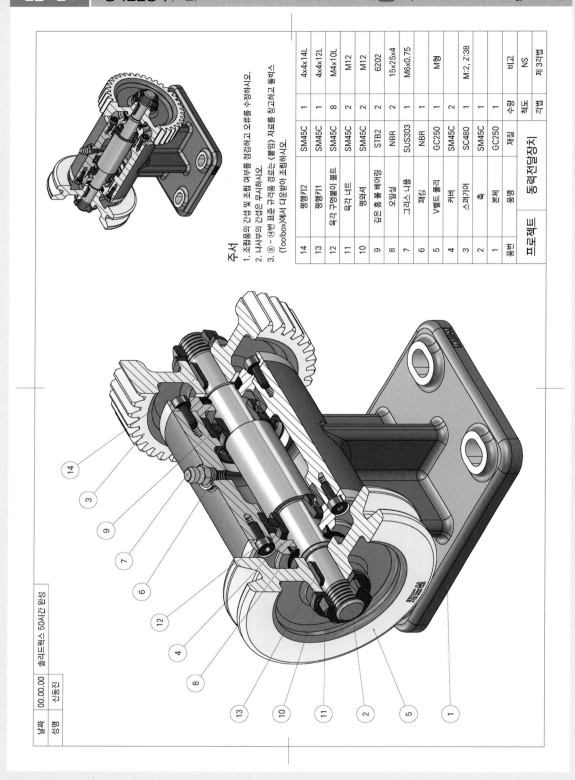

주서

1. 조립품의 간섭 및 조립 여부를 점검하고 오류를 수정하시오.
2. 나사부의 간섭은 무시하시오.
3. ⑨ ~ ⑭번 표준 규격품 정도는 《몰임》 자료를 참고하고 툴박스(Toolbox)에서 다운받아 조립하시오.

품번	품명	재질	수량	비고
14	평행키2	SM45C	1	4x4x14L
13	평행키1	SM45C	1	4x4x12L
12	육각 구멍붙이 볼트	SM45C	8	M4x10L
11	육각 너트	SM45C	2	M12
10	평와셔	SM45C	2	M12
9	깊은 홈 볼 베어링	STB2	2	6202
8	오일실	NBR	2	15x25x4
7	그리스 니플	SUS303	1	M6x0.75
6	패킹	NBR	1	
5	V벨트 풀리	GC250	1	M형
4	커버	SM45C	2	
3	스퍼기어	SC480	1	M:2, Z:38
2	축	SM45C	1	
1	본체	GC250	1	

동력전달장치

프로젝트

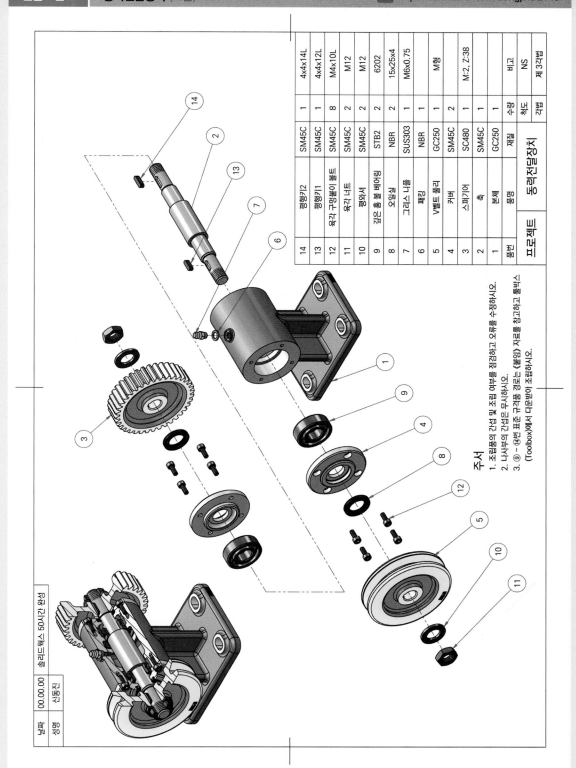

품번	품명	재질	수량	비고
14	평행키2	SM45C	1	4x4x14L
13	평행키1	SM45C	1	4x4x12L
12	육각 구멍붙이 볼트	SM45C	8	M4x10L
11	육각 너트	SM45C	2	M12
10	평와셔	SM45C	2	M12
9	깊은 홈 볼 베어링	STB2	2	6202
8	오일실	NBR	2	15x25x4
7	그리스 니플	SUS303	1	M6x0.75
6	패킹	NBR	1	
5	V벨트 풀리	GC250	1	M형
4	커버	SM45C	2	
3	스퍼기어	SC480	1	M:2, Z:38
2	축	SM45C	1	
1	본체	GC250	1	
품번	품명	재질	수량	비고
프로젝트	동력전달장치		척도	NS
			각법	제 3각법

주서
1. 조립품의 간섭 및 조립 여부를 점검하고 오류를 수정하시오.
2. 나사부의 간섭은 무시하시오.
3. ⑨ ~ ⑭번 표준 규격품 경우는 《붙임》 자료를 참고하고 툴박스
　(Toolbox)에서 다운받아 조립하시오.

날짜	00.00.00	솔리드웍스 50시간 완성
성명	신동진	

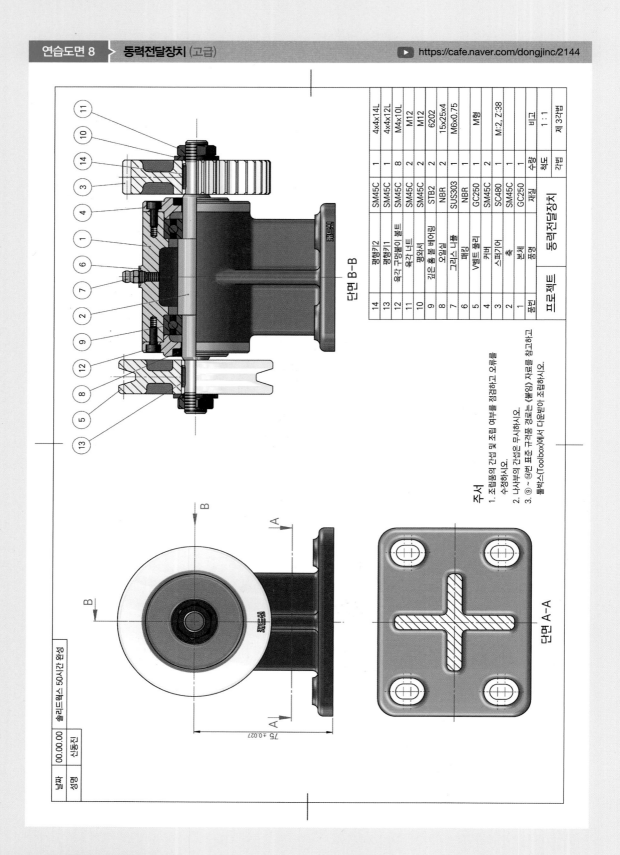

품번	품명	재질	수량	비고
14	평행키2	SM45C	1	4x4x14L
13	평행키1	SM45C	1	4x4x12L
12	육각 구멍붙이 볼트	SM45C	8	M4x10L
11	육각 너트	SM45C	2	M12
10	평와셔	SM45C	2	M12
9	깊은 홈 볼 베어링	STB2	2	6202
8	오일실	NBR	2	15x25x4
7	그리스 니플	SUS303	1	M6x0.75
6	패킹	NBR	1	
5	V벨트 풀리	GC250	1	M형
4	커버	SM45C	2	
3	스페이서	SC480	1	M:2, Z:38
2	축	SM45C	1	
1	본체	GC250	1	
품번	품명	재질	수량	비고

프로젝트　동력전달장치　척도　1:1　각법　제 3각법

단면 B-B

단면 A-A

주서
1. 조립품의 간섭 및 조립 여부를 점검하고 오류를 수정하시오.
2. 나사부의 간섭은 무시하시오.
3. ⑨ ~ ⑭번 표준 규격품 경로는 〈붙임〉 자료를 참고하고 툴박스(Toolbox)에서 다운받아 조립하시오.

75 ±0.027

날짜	00.00.00	솔리드웍스 50시간 완성
성명	신동진	

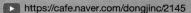

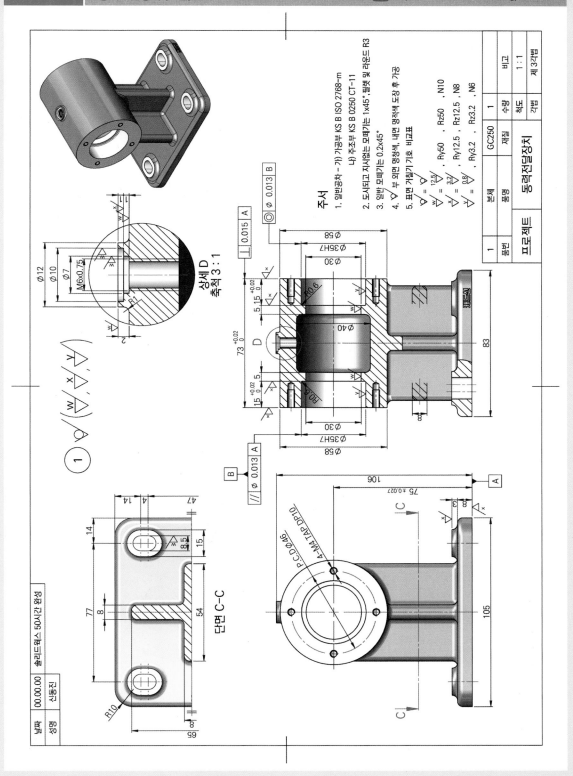

주서
1. 일반공차 - 가) 가공부 KS B ISO 2768-m
　　　　　　 나) 주조부 KS B 0250 CT-11
2. 도시되고 지시없는 모떼기는 1x45°, 필렛 및 라운드 R3
3. 일반 모떼기는 0.2x45°
4. ▽부 외면 명청색, 내면 명적색 도장 후 가공
5. 표면 거칠기 기호 비교표

동력전달장치

품번	품명	재질	수량	비고
1	동력전달장치	GC250	1	

척도 1:1
각법 제 3각법

프로젝트

날짜	00.00.00	솔리드웍스 50시간 완성
성명	신동진	

상세 D
축척 3 : 1

단면 C-C

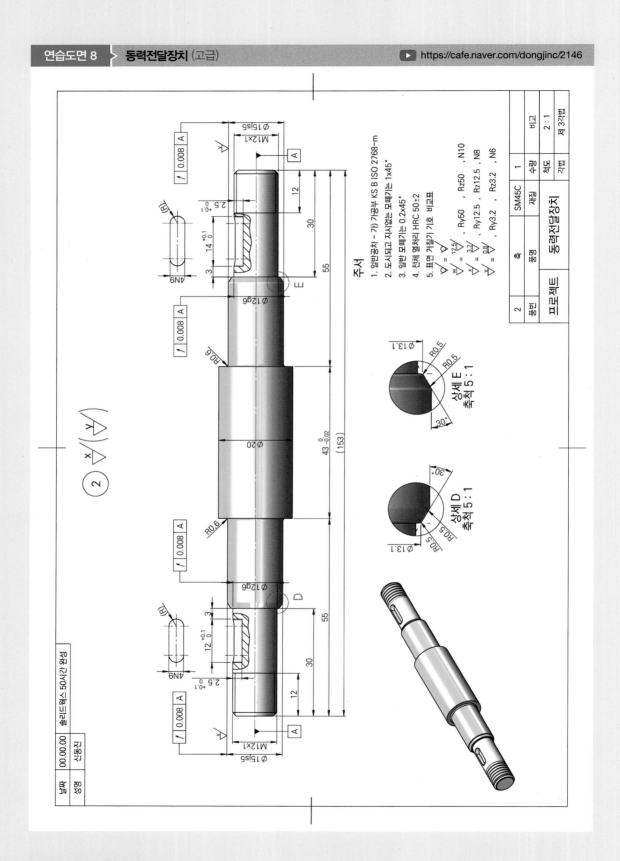

주서

1. 일반공차 - 가) 가공부 KS B ISO 2768-m
2. 도시되고 지시없는 모떼기는 1x45°
3. 일반 모떼기는 0.2x45°
4. 전체 열처리 HRC 50±2
5. 표면 거칠기 기호 비교표

품번			SM45C	1	비고
2		재질	수량	척도	2 : 1
품번	축	품명	동력전달장치	각법	제 3각법

프로젝트

| 날짜 | 00.00.00 | 솔리드웍스 50시간 완성 |
| 성명 | 신동진 | |

상세 E
축척 5 : 1

상세 D
축척 5 : 1

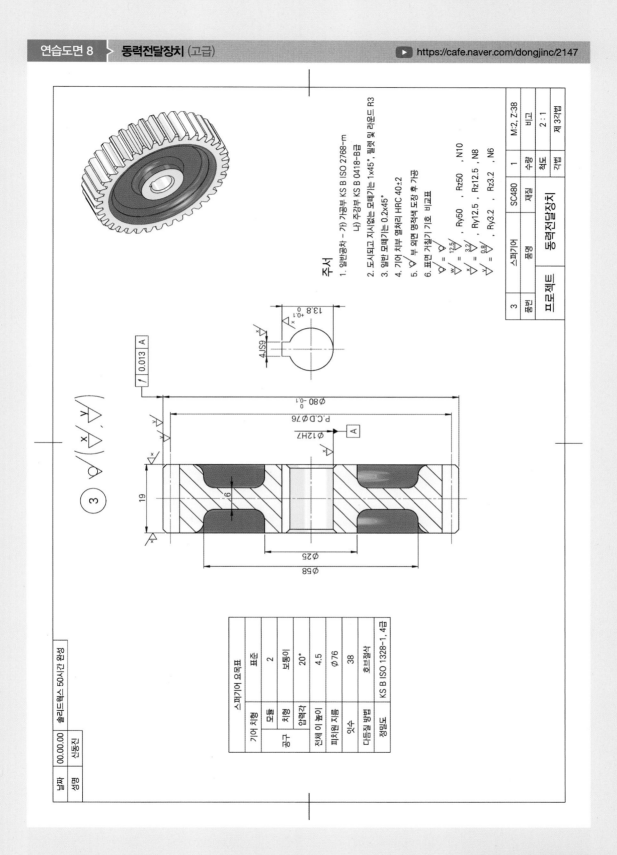

주서
1. 일반공차 - 가) 가공부 KS B ISO 2768-m
            나) 주강부 KS B 0418-B급
2. 도시되고 지시없는 모떼기는 1x45°, 필렛 및 라운드 R3
3. 일반 모떼기는 0.2x45°
4. 기어 치부 열처리 HRC 40±2
5. ▽ 부 외면 명적색 도장 후 가공
6. 표면 거칠기 기호 비교표

$\frac{w}{\sqrt{}}$ = $\frac{12.5}{\sqrt{}}$, Ry50 , Rz50 , N10

$\frac{x}{\sqrt{}}$ = $\frac{3.2}{\sqrt{}}$, Ry12.5 , Rz12.5 , N8

$\frac{y}{\sqrt{}}$ = $\frac{0.8}{\sqrt{}}$, Ry3.2 , Rz3.2 , N6

품번	품명	재질	수량	비고
3	스퍼기어	SC480	1	M:2, Z:38

프로젝트 : **동력전달장치**   척도 2:1   각법 제 3각법

스퍼기어 요목표		
기어 치형		표준
공구	모듈	2
	치형	보통이
	압력각	20°
전체 이 높이		4.5
피치원 지름		Ø76
잇수		38
다듬질 방법		호브절삭
정밀도		KS B ISO 1328-1, 4급

Ø80 -0.1 0
P.C.D Ø76
Ø12H7
Ø25
Ø58
19
6
13.8 +0.1 0
4JS9
∥ 0.013 A

3 ▽ (∀ ∀ ∀)

날짜	00.00.00	솔리드웍스 50시간 완성
성명	신동진	

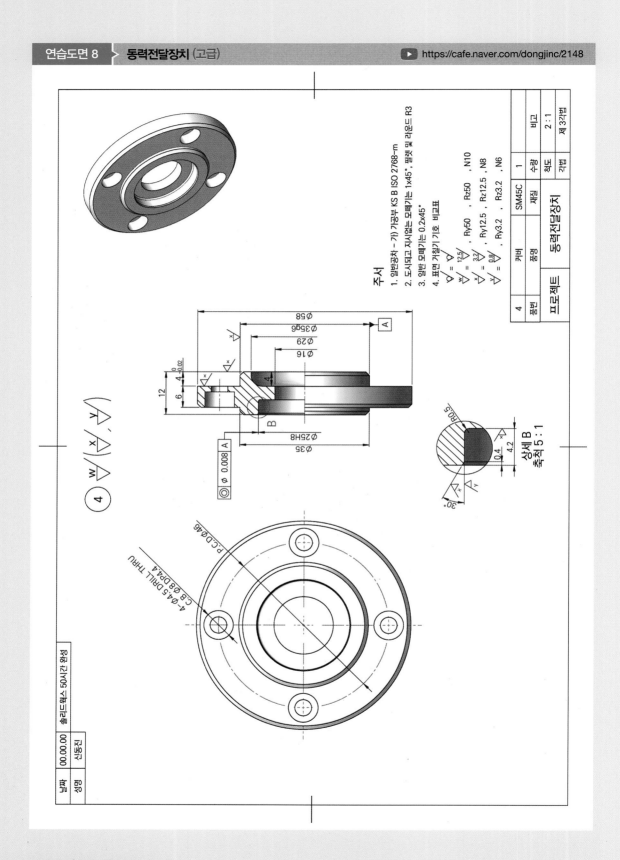

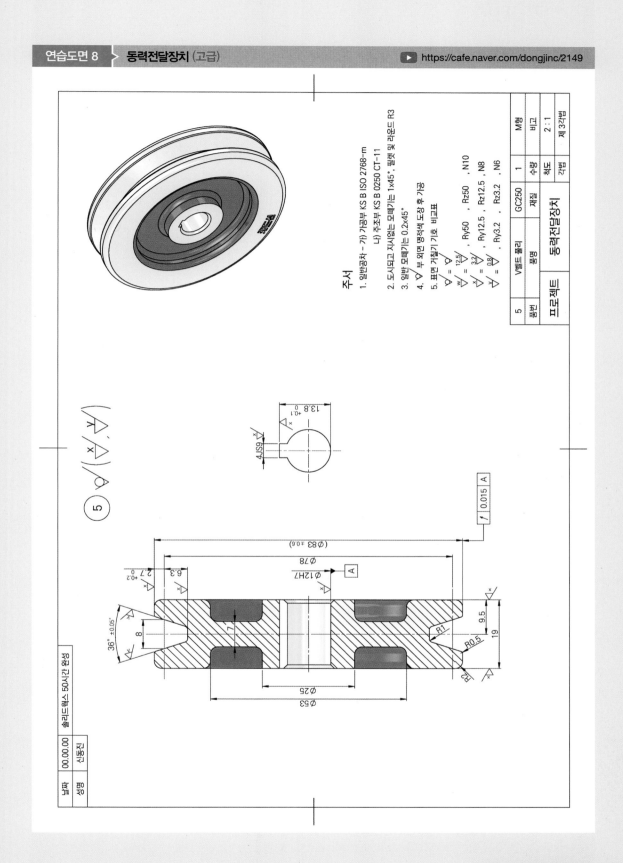

주서
1. 일반공차 - 가) 가공부 KS B ISO 2768-m
              나) 주조부 KS B 0250 CT-11
2. 도시되고 지시없는 모떼기는 1x45°, 필렛 및 라운드 R3
3. 일반 모떼기는 0.2x45°
4. ▽부 외면 명석색 도장 후 가공
5. 표면 거칠기 기호 비교표

   ▽ = ▽
   ▽ 12.5 , Ry50 , Rz50   , N10
   ▽ 3.2   , Ry12.5 , Rz12.5 , N8
   ▽ 0.8   , Ry3.2 , Rz3.2 , N6

| 5 | V벨트 풀리 | GC250 | 1 | M형 |
| 품번 | 품명 | 재질 | 수량 | 비고 |

품명 동력전달장치
척도 2:1
각법 제 3각법

프로젝트 동력전달장치

| 날짜 | 00.00.00 | 솔리드웍스 50시간 완성 |
| 성명 | 신동진 | |

Part 03 3D형상모델링 도면   211